這才叫果將酉

金獎增訂版

Seasonal
Limited

柯亞——著

{ 推薦序 1 } 果醬的職人之路

吃了柯亞做的果醬之後,我才知道我以前自己做的都不算果醬。

第一、食材:

果醬是需要時常接觸到果皮的。譬如像是草莓這類水果,一般市售的水果泰半都有噴灑過農藥,做成果醬後,食物潛在污染的風險更高,給孩子吃真的很不安心,知道柯亞的水果都是她自己一家一家找來的無毒有機水果,自然就放心的吃,也放心給孩子吃。

第二、層次:

非得經過很長時間的實驗,才能抓得住食物和食物之間融合的配方。因不同水果的處理方式,以及混和的比例,便能嘗出「層次」這件事,柯亞這點非常努力啊!

第三、實在:

處理好的口感,需要很繁複的動作。柯亞急不來的這點個性,著實是最佳的品質保證。多次的配合下來,知道她寧願讓貨架空著,也不願忽略該注意的細節。這就是實在。

這是我眼中的柯亞,以及我味覺裡的KEYA好食光!

視覺設計師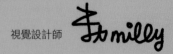

{ 推薦序 2 } **果醬、甜點與花的交會**

2010年4月，我收到來自柯亞的郵件，內容是說她是個做手工果醬也販售果醬的人，希望能以果醬請我搭配花禮送給即將要開店的朋友。她的預算不多，我因為不是作店面生意的，所有案子都是客製化，我有接單的起價，再加上日期剛好碰上我有婚禮場佈工作，通常就只能說抱歉無法服務。但我看著這封信件，除了心裡謝謝她喜歡我的花之外，完全能感受到柯亞對於自己做手工果醬的熱情和使命，加上她的提議是我一直都喜歡做的事情，所以我答應了。她來拿果醬花禮的那天，我不到7點就出門去會場工作，我交待了管理員，所以和柯亞沒見到面。

再次聯繫上是一年後，我開始使用臉書，看到彼此。隔月我們都參加林怡芬的插畫課，才算是第一次見面和認識，還記得那天上完插畫課，我倆又到附近的深夜食堂ZABU續攤，兩個人像是好久沒見面的老朋友似的，有好多事要講，一直聊不完還錯過了末班捷運，現在想來好不可思議。

見了面後我們的合作就馬上開始了，柯亞因為研究法式甜點，2011年7月在小南風策畫「巴黎我愛你」結合果醬創作及攝影展，同一個月我們合作了「甜點花禮」的分享課程，一樣是巴黎我愛你的主題，我們分享了我們認識的緣起，這對我們來說很有意義。第一堂課，柯亞分享了什麼是法式甜點、介紹法式甜點的代表人物、示範製作「焦糖鹽之花」，每個學員裝瓶後，再跟著我將果醬搭花禮。「甜點與花」的分享課程是創新的、別人沒有的，柯亞把甜點「文化」的那部分帶到課程裡，從大家的反應，我認為是很成功的，接連著幾個月，我們又合作了「野餐」、「夏日派對」等等。這每一堂課就像是做一個企畫，我們見面先討論下一堂課要做什麼主題，有時候我先有想法，柯亞依我的花再想她的部分，或有時候她先有甜點的想法，我再來配合她，有了主題後我們再來想這些內容可以讓參加的學員獲得什麼知識、什麼技術、還有什麼禮物，這些都得先過我們自己這關，再來就是拍攝課程圖，我們模擬上課的過程，採買及製作好之後拍照，拍照是由我的另一半奧利佛來執行，3個人討論構圖、畫面配置、一起等陽光，加上後製，這樣也要消磨上一整天。我們一人在台北一人在彰化，幾個月下來覺得是需要調整腳步了，柯亞覺得她必須花更多的時間繼續研究甜點和創造更多口味的果醬才行，我們決定暫時休息一下，或許甜點與花的分享活動一年辦一次就好。

但我們的合作沒有因此停住，同年底我們又合作推出聖誕贈禮「聖誕快樂果醬＋果實甜甜圈」，此款果醬一出，果然讓人驚豔。柯亞說，把大地豐收的喜悅全都收進這瓶中，我簡直是感動的不得了，龍眼荔枝等7種果乾、杏仁南瓜子等6種堅果、八角丁香肉桂等5種香料還有阿爾薩斯白酒，然後教你配紅酒、黑咖啡、起士或黑巧克力都對味。

我眼裡的柯亞不只是煮果醬的人，果醬就是甜點，她研究的是甜點，她選擇有機無毒的食材，每開發一種新口味都要從最源頭的食材開始研究，了解食材與在地文化，然後教我們認識食材的選擇與搭配，果醬不是只有在早餐時塗抹麵包而已，果醬的延伸可以做沙拉、飲品、甜點……。現在我的冰箱裡固定都有柯亞的果醬3～4種，隨時調個果醬茶飲，或是像她經典的草莓檸檬碎加一點馬司卡朋乳酪和一片薄荷葉就是宴客甜點了。

我和柯亞雖然一個是花的工作者、一個是甜點工作者，其實是很像的，我們都是做自己喜歡、有創意的工作，親手製作、傳遞溫暖與幸福、使生活更美好。這次好榮幸受邀寫推薦序，搶先看到這本書的內容，我看見柯亞注入果醬的滿滿熱情和創意，這是一本「完美果醬事典」。

花藝生活家 陳誼綸

用好水果做好果醬,加入果醬擁護者的行列吧!

會認識柯亞以及她的果醬是從「禮物」開始的。

上下游新聞市集在2011年九月的時候才開站,網站名稱顧名思義就是包括「新聞」和「市集」這兩個元素,做為一個想要兼顧獨立新聞和無毒農產加工品推廣的平台,又希望成為上游(生產者和作者)和下游(消費者和讀者)之間的最佳橋樑,於是我們設計了一個有趣的遊戲規則,任何人都可以申請加入為我們的作者,可以自由上稿,我們歡迎大家寫作台灣這塊土地上任何關於土地、食物、環境的事情,讀者如果喜歡這篇文章,就可以給作者點數,作者累計點數後,就可以依點數換禮物。

禮物則來自全台各地友善土地耕作的生產者,我們廣邀各方生產者一起加入「禮物團」的行列,結果有好多熱情的生產者共襄盛舉,主動提供他們最自豪的禮物,內容包羅萬象,非常精采,有的是一把過貓,有的是免費的產地旅行,而當中最吸睛的莫過於「好食光 生活廚房」的甜點和果醬了,「男子漢布朗尼」和「純粹綠檸檬塔」光聽名字就好有氣勢,更別說「黃檸檬凝乳」和「蘇格蘭太妃糖」多麼引人遐想了。

因為非常想要吃吃看她那取名夢幻的果醬們的內涵是否真如其名那般夢幻,在這種懷抱著小期待和其實是很貪吃的情境下,開啟了我們的合作之路。

我知道現在不是要寫上下游和柯亞是如何相戀(?)的羅曼史,但我想我永遠會記得那天柯亞頂著她清純的學生妹頭(還未大改造前),帶著她的諸多果醬作品,出現在上下游的那天傍晚,她在介紹果醬的時候就像在介紹自己的小孩一樣,那麼有自信,那麼美麗,那麼有活力,而最令人驚艷的是好食光的果醬顛覆了「果醬」的保守樣貌,她為果醬開創了一條康莊大道。

果醬不該只有被抹刀抹平在麵包上這樣呆板的命運,好食光的果醬可以調入牛奶、咖啡、紅茶,甚至可以是優格、起司、冰淇淋上的美味點綴,她分享說,有個媽媽把草莓檸檬碎加進牛奶裡給總是賴床的女兒當做隔日的早點,結果隔天一早那位小女孩自動在餐桌前報到,嚷著要媽媽再做那個給她喝!

抱持著「果醬不該只是配角」的堅定信念,柯亞用生命捍衛果醬應有的地位,成為果醬永遠的擁護者、提倡者和創作者。

她堅持使用無毒水果做為果醬原料,並運用她對台灣水果的熱愛,創作了多款混搭口味但又經典無比的果醬。她跟我們說,在這麼多果醬當中,她最喜歡製作柑橘類的果醬,「因為柑橘類果醬最精華的部分就是果皮了,如果是用藥的水果,我真的不敢保證我的處理方式會把農藥徹底排除,為了客人的身體健康,我不能冒這個險。」

我們一直認為手作果醬是一種很奇特的東西,因為就算是使用相同的水果、相同的食譜,但不同的人所製作出來的果醬風味就完全不同,那款果醬就是屬於每個人自己獨一無二的創作。

如果說果醬是藝術品,那麼柯亞應該算是年輕秀異的藝術家,用她天馬行空的創意、無比敏銳的味覺和靈巧精緻的手藝,帶領大家進入果醬的世界吧!我想,這將會是場最華麗的舌尖旅行。

上下游新聞市集　章雅喬

{ 推薦序 4 } **遇見果醬女孩**

我和柯亞的認識，非常奇妙而充滿生命的期待。

某一年元宵節隔天，在華山特區走逛市集，一位女孩從她的攤位蹦跳出來，唸出我的名字。然後，高興地嚷道：「你要不要吃阿公臍橙做的果醬？」

「阿公臍橙？」我聽了一頭霧水，但隨即想到，前些時在樂活雜誌，介紹過一位池上九十歲的老人，專門在種植有機水果。女孩說的正是他，為了製作有機果醬，她跟阿公訂購了這種新種類的水果。她隨手取了桌上的小塊餅乾，塗了臍橙果醬，請我試吃。手工果醬，一嘗即知，舌尖隨即傳遞來豐厚而天然的果氣濃香。

我一邊讚歎，一邊繼續聆聽她的果醬經，彷彿失落多年的友人在華山特區敘舊。她侃侃而談，跟我提及諸多失落的水果，許多我好奇的困惑的，她都在逐一嘗試。眼前的女孩，生活裡充滿了美好的果醬藍圖，以及果醬帶來的人生哲學。

果醬女孩來自我年輕時賞鳥的啟蒙地，大肚溪口附近的伸港。阿公是我在池上旅居時，念念不忘的摯友。這趟意外的市集之旅，讓我緬懷起尊敬的前輩，更驚奇地認識了這位充滿理想的年輕朋友。

女孩的果醬信念是快樂，跟人家分享食物的快樂。阿公在後山販售有機臍橙亦是，而我也偏好撰寫這樣努力生活的風土故事。此後，我們三個人雖未再謀面，卻有一個微妙的三地情誼，靠著文字和手信在問候。更靠著她的手工果醬，持續把遙遠的三個人的快樂，繼續保溫，溫馨地罐裝著，在這座小島上，逐一分送到熟識和陌生人的手上。

作家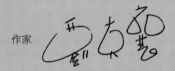

好果醬，讓生活發光！

現在喜歡的生活都是慢慢練習來的……

幾年前我還在台北，一個再尋常不過的上班族，經過工作大量的操勞，本就虛弱的身體再也負荷不了，下定決心回鄉休養，偶然間看到一張果醬食譜，正逢草莓盛產，和大妹合力熬了幾鍋，結果失敗連連：凝膠過度的，色澤不美的，甜到讓人牙根發疼的……這些失敗反而激起鬥志，一頭栽入果醬的研究，因此創立了「好食光 Keya Jam」。

吸引我的是這麼簡單的三元素：水果、糖、酸，竟能變化出這麼豐富多元的滋味，開啟水果加工這門學問如此燦爛精采的一頁。對我來說，果醬是個人的創作，一本書、一場電影、一段旅行都是觸發，讓我期待將這些想法熬為甜甜的果味放進瓶中迫不及待與人分享。因為挑選水果，我重新踏在土地上，跟著節氣過生活，感受陽光風雨的更迭轉變，更加打從心底感謝農人的辛勤付出，讓島上四季都有豐饒物產，我經常往台中的合樸農學市集找尋果材，後來也成了市集的一員，每個月在市集與農人、消費者交流分享。

一瓶小小的果醬能夠窺見的世界好大，從製法追本溯源尋出不同地區看待它的方式，從日常飲食可以看出歐洲對於果醬的執著與喜愛，從口味選擇能明白一地的風土氣候是如何影響著果醬師們的取材……這些都讓你手中一瓶瓶的果醬有了鮮明的個性、獨特的風味，一嘗是否能嘗出來自土地與果醬職人的心意呢？

這一頁像是頒獎典禮的舞台，我領著獎在台上發表感言，請容許我唱名家人：爺爺柯阿謀、奶奶柯李芒、爸爸柯呈芳、媽媽林月娥、大妹柯為邑、二妹柯秀菊、小妹柯濰，家人是最有力的後盾，讓我能專心決然投入。更感謝朋友們一路的包容相挺，感謝你們陪伴一起，讓我領會了「夥伴」支持的感動，感謝喜愛好食光的果醬迷，你們的讚美成了嗎啡，讓我繼續投入。現在想想回鄉的決定多麼正確。

最後謝謝幸福文化的工作夥伴們，以及攝影師周大哥和Arko Studio光和影像的志潭一起拍出這麼棒的畫面。真心感謝大家一路的包容相挺，謝謝大家。這本果醬書掏盡了我幾年來的心得，希望大家喜歡！也希望能帶給正在翻書的你更多好的觸發。

「好果醬，讓生活發光！」這是上下游新聞市集的雅喬為我的果醬所下的定義，寫得太好，我再也找不到也寫不出更貼切的詞語了。因為熱情，我走到這裡，發出溫暖的光，並持續往前邁進。

柯亞 Keya

讓台灣在世界發光發亮！
十年來堅持初心，
才能勇奪果醬界奧斯卡年度雙金大獎

柯亞的《好食光Keya Jam》創立近十年，不斷堅持以台灣水果創作果醬，探索各種果物的各種可能性，讓果醬豐存台灣的風土文化。

終於，在邁入十年這樣值得紀念的日子，《好食光Keya Jam》獲得被視為果醬界奧斯卡的英國《世界柑橘類果醬大賽》（The World's Original Marmalade Awards & Festival）最高肯定，首次參賽便從全世界超過40個國家、近3,500瓶參賽作品中嶄露頭角，獲得年度雙金大獎、二金、二銀、二銅，更是在華人區首位獲得最高榮譽「年度雙金大獎」，讓台灣水果躍上世界舞台、獲得國際肯定，也透過這次機會讓島嶼果味得以跨出海洋被世界品嚐，讓更多人能透過果醬認識這塊土地所孕育出來的水果之美。

柯亞將台灣水果帶上國際舞台

在英國，柑橘醬是日常飲食的重要陪伴，英文裡甚至被規定Marmalade只能代表柑橘醬，不能代指其他果醬，足見柑橘醬對於他們生活的重要性。《世界柑橘類果醬大賽》(The World's Original Marmalade Awards & Festival)自2005年起，於盛產柑橘的英國彭里斯舉辦，不僅以口感、香氣為評比標準，果醬製作食材及果醬佐餐的多元性也是重要考量，英國威爾斯親王查爾斯王子也曾於該比賽中品嚐世界最好的柑橘醬，這個比賽猶如「果醬界的奧斯卡」。

這次參賽共有三款果醬獲獎。其中，「橙花金棗黃檸檬」果醬為《好食光 Keya Jam》與PEKOE食品雜貨鋪共同研發，採用宜蘭的金棗與金桔作為果醬主軸，透過黃檸檬與橙花，引出金棗的甜蜜滋味，榮獲年度雙金大獎與「使用有趣食材」及「適合佐餐(魚料理)」兩類金獎；「白酒伯爵金棗」果醬則同樣以來自宜蘭的金棗與金桔，搭配伯爵茶香與淡雅白酒收尾，獲得「適合佐餐(魚料理)」銅獎；《好食光Keya Jam》經典招牌果醬「威士忌柑橘」，以明亮滋味的柑橘搭配深沉威士忌熬製而成的華麗茶果醬，則獲得「使用有趣食材」銀獎、「適合佐餐(肉料理)」銀獎、「使用酒類食材」銅獎。

(左)柯亞從英國《世界柑橘類果醬大賽》莊園女主人暨比賽創辦人 Ms. Jane Hasell-McCosh（左）與贊助人以及評審主委Dan Lepard手中獲得2019年職人組最大獎－年度雙金大獎　(右)柯亞與其得獎果醬合影

台灣果醬女王 好食光Keya Jam
創辦人柯亞赴英參與「果醬界奧斯卡」
2019《世界柑橘類果醬大賽》獲最高榮譽

橙花金棗黃檸檬
年度雙金大獎、「使用有趣食材」金獎、「最適合佐餐（魚料理)」金獎

威士忌柑橘
「使用有趣食材」銀獎、「使用酒類食材」銅獎、「最適合佐餐（肉料理)」銀獎

白酒伯爵金棗
「最適合佐餐（魚料理)」銅獎

「橙花金棗黃檸檬」果醬：年度雙金大獎與「使用有趣食材」及「適合佐餐(魚料理)」兩類金獎
「白酒伯爵金棗」果醬：「適合佐餐(魚料理)」銅獎
「威士忌柑橘」果醬：「使用有趣食材」銀獎、「適合佐餐(肉料理)」銀獎、「使用酒類食材」銅獎。

繼在英國扛回《世界柑橘類果醬大賽》的年度雙金大獎後，柯亞也以全新口味「純粹金棗」在日本勇奪《世界柑橘類果醬日本大賽》（The Dalemaim World Marmalade Awards in Japan）的最高榮譽金賞獎，更是日本海外唯一得獎者。

柯亞以大地果物寫詩，探索水果的各種可能，濃縮在地的風土人文，豐存美好當下，讓人以舌尖感受這座島嶼所孕育的水果之美。期待以台灣的滋味出發，讓島嶼果味跨出海洋被世界品嚐，認識這塊土地所孕育出來的水果之美。

「純粹金棗」在日本勇奪《世界柑橘類果醬日本大賽》的最高榮譽金賞獎

[好食光的第十年]

轉機一趟甫抵達倫敦就搭上火車，徐徐前行至彭里斯，腳步未曾停歇，我腦海中也開始回想從第一瓶失敗的果醬開始，到現在能獲得國際肯定，這一路走來，我也未曾停歇或放棄。

真不可思議，我做果醬將近十年了！生性浪漫的我，將果醬創作視為對島嶼的讚詠，不斷探索水果的各種可能性，這些燦爛精彩的台灣水果，無疑是讓我持續堅持下去的重要原因。能將台灣島嶼的豐饒產物，熬製成各色各味優異的果醬，封存這些芳香果實最美好的當下，實在是件幸福的事。

正因為台灣水果品質頂尖，無論如何都想讓世界品嚐驚嘆，成了我這次參加英國《世界柑橘類果醬大賽 The World's Original Marmalade Awards & Festival》最主要的意志。我帶著從宜蘭、台中、台東種出的金棗、金桔、茂谷柑等柑橘，其所封存的風土滋味，不負眾望在這個「果醬界奧斯卡」手中獲得最高榮耀——「年度雙金大獎」。

感謝台灣水果成就了我，引領著我來到世界的另一端，向大家介紹台灣。

這是好食光的第十年，對我而言，才正要開始。這次的肯定更加堅定了我的初心，我要持續創作，讓島嶼果味得以跨出海洋被世界品嚐，更多人能透過果醬認識這塊土地所孕育出來的水果之美。

柯亞

2019, 3, 16 寫于英國彭里斯

Contents

· ·

{ 目錄 }

{ *Introduction* 認識果醬 }

{ *Chapter* } 只想送給你，職人訂製果醬 { }

{ *Chapter* **4** 考驗刀工的柑橘類果醬 }

{ *Chapter* **5** 富有情調的花香調果醬 }

{ *Chapter* **8** } 提香增色的香料調果醬

{ 認識果醬 }

果 醬 的 分 類

在台灣幾乎是任何水果糖漬熬煮後都稱為果醬，我們似乎給它就定義那麼一個說法。在歐洲，蔬果糖漬後的不同呈現均有不同的命名，如此明白而細緻的分類，顯現了果醬這門加工藝術在歐洲的風行程度，那必須是深度涉入生活才能產生的。尤其法國，熬製果醬是全民運動，就像我們在春末青梅結果，總要漬一甕梅，以收藏這年度的春天氣息一樣。

做果醬可以簡單，可以複雜。抱著探究一種果物保存的方式，我們一起玩味台灣四季的水果風情。

Jelly 果凝 ——①
捨棄果肉不用，以果汁、糖、檸檬汁混合熬煮，透過果汁的豐富果酸與果膠凝結成剔透的晶凍狀，口味清淨，甜味明顯，果色明亮的果凝可單獨視為甜點。含糖量大約100%。

Spread 抹醬 ——②
以鮮奶油、牛奶等奶製品或蛋為介質與風味來源，調和蔬果、香料經過長時間熬煮至水分蒸發而成的抹醬，質地厚稠，風味濃郁，甜鹹滋味均有。

Conserve 糖漬水果 ——③
通常是用多種水果一起熬煮成如果醬般的口感，再調和糖、堅果或葡萄乾等果乾讓風味更豐富的食材。通常含糖量約為60%～70左右。

Jam/Confiture 果醬 ——④
英文（Jam）與法文（Confiture）均指果醬。將水果搗碎或者切塊，不保留原形，與糖、檸檬汁熬煮釋出果膠產生凝結，質地易於推抹，果醬成品吃得到果粒或果丁。含糖量約80%～120%，但這對台灣人口味來說過於甜膩，含糖量大約降至50%～65%是台灣人最能接受的甜度。

Conpote 糖煮水果 ——⑤
以水果、糖與水，低溫慢火熬製而成，相較於果醬，糖的使用量要低得多，含糖量約佔30%～40%，保留了完整的水果樣貌，最常做為甜點裝飾。我們在超市或蛋糕裝飾上常見的水蜜桃與櫻桃，便屬這類。因為甜度低，水分多，所以保存期限很短，約一周左右。

Marmalade 柑橘類果醬 ——⑥
讓我又愛又恨的Marmalade，指的是以柑橘類水果熬製成的果醬，需要保留至少三分之一的果皮，果皮能散發濃烈的果香，讓果醬滋味大好。Marmalade適合久藏，愈陳愈香，含糖量大約70%～100%。

Preserve 蜜餞 ——⑦
原來是糖漬鮮果的意思，後來稱為蜜餞。台灣做法大都是將水果日曬後，以濃糖浸漬或煮熟滅菌的方式，減少水分，讓糖滲入果實中，調味也耐保存；歐洲多半將煮熟的水果浸漬在糖漿保存。糖度更低，約佔25%左右。

★「蜜餞」，甜蜜的餞別：「蜜餞」一詞起源於台灣。日據時代，日本人原就嗜甜食，到了台灣深深著迷於台灣的各種糖漬水果；當他們要離開台灣的時候，大都會以這類糖漬水果做為離別時的禮物，因此便稱為甜蜜的餞別，後遂簡稱「蜜餞」替代糖漬鮮果。這是我認為最浪漫的食物命名了，蘊含了無限的濃情蜜意。

做 出 美 味 果 醬 的 好 器 具

熬煮果醬請用寬口淺底鍋吧！它淺底寬口的特徵能加速水分蒸散，縮短熬煮時間；換句話說，深底湯鍋不是做果醬的好鍋具。還有，水果含有果酸，於是不耐酸的鐵鍋與鋁鍋也淘汰出局。

鑄鐵鍋 —— 1

這是很適合用來燉煮的鍋具，將生鐵包覆陶瓷琺瑯中，有聚熱、導熱、保溫的效果，煮果醬我都開中小火，長期下來能省去不少能源。若是使用沒有陶瓷琺瑯包覆的鑄鐵鍋，還能釋放微量的鐵質至食物中，但這就不適合煮果醬了，因為果酸會侵蝕生鐵鍋。

不銹鋼鍋 —— 2

厚實的不銹鋼鍋受熱均勻，導熱功能良好且耐酸好保養，很適合台灣濕熱的氣候。清洗也容易，是我的愛鍋。

銅鍋 —— 3

在標準法式果醬的製程中，銅鍋是完美的夢幻鍋具，它導熱迅速也均勻，果醬不易燒焦，熬煮時會釋放銅離子，讓果色維持美麗色澤，法國家庭幾乎必備。

但台灣天氣潮濕悶熱，迥異於歐洲的乾燥氣候，銅鍋容易氧化產生銅綠，所以要勤於保養。煮果醬前記得用檸檬汁（鹽＋白醋也可以）清洗到鍋面明亮，若不能保證自己能洗得乾淨，那麼以下的鍋同樣能助你一臂之力，煮出美味果醬。

★ 鹽與白醋的比例為1：1，以海綿清洗。

康寧鍋 —— 4

用了十多年的康寧鍋，後來才曉得這是品牌名而非一種鍋具類別，因為容量有限，所以後來我都用它來研發新口味。它的保溫效果太卓越了，相當節省瓦斯，且受熱快速好清理，只是要小心別焦底，因為一旦燒焦就十分難清理。

調理盆 —— 5

不銹鋼或者玻璃的材質都好，法式果醬的製程中需要將處理好的水果冷藏浸漬，這時候就很需要調理盆了。請別用不耐酸的容器。

琺瑯鍋 —— 6

琺瑯就是在金屬材質上高溫燒製，形成一層玻璃材質的保護膜。有很好的耐酸性，受熱均勻，用來燉煮料理再適合不過！因為表面是玻璃材質，味道與細菌很難附著，於是也好清理。

工作手套 —— 7

厚棉布材質，可以阻隔高溫，裝瓶時它會好好保護你的手不被燙傷。

長柄木匙 —— 8

用木匙攪拌，便不會刮傷鍋面。柄身長一點，能避免被濺起的高溫果醬燙傷。當然木質不易導熱，攪拌時也就不怕燙手。

浮沫網勺 ——①

極細小的網孔能有效撈除浮沫雜質，撈起後，只要在水盆中輕輕搖動，就很容易洗去攀附於網面的浮沫雜質了。隨時撈除浮沫，能做出乾淨美麗的果醬。

瀝勺 ——②

有時候想保留果肉的完整度，便會利用瀝勺撈起水果，將果汁煮至濃縮再放入，第一道的經典草莓果醬就是這樣做的。

隔熱夾 ——③

玻璃瓶熱水消毒後起鍋用瓶夾夾起，很方便！

斜邊砧板 ——④

若想優雅地處理水果，斜邊砧板會是你的好夥伴。斜邊設計能收集分切水果產生的汁液，不讓果汁流淌四周，好清理這點就能省去很多時間，讓你專心煮果醬。

溫度計 ——⑤

掌握溫度變化是製作完美果醬的關鍵。你的果醬廚房絕不可缺少溫度計，它是你判斷果醬是否抵達終點溫度（103℃）、煮糖溫度（115℃）的救星。

電子秤 ——⑥

無論熬煮果醬或者烘焙甜點，精準的秤重都是重要的成功法則之一。電子秤計量精準，能重複歸零，比起傳統彈簧秤，更適用於熬煮果醬的計量。

圓弧形削皮刀 ——⑦

一樣是去除果皮用，附帶是圓弧空心的部分還能挖除果核，蘋果去核好方便。

長柄湯勺 ——⑧

讓果醬裝入玻璃瓶的好幫手，尖嘴設計的勺面，讓你能快速將果醬倒入瓶中，有效率的裝瓶完成。

搾檸檬器 ——⑨

搾檸檬汁有多種器具，若需要大量熬製，用電動搾汁機才省力；若是製作自家食用，檸檬汁量不需多，那麼用這種手轉搾汁器即可。櫸木製，比例好看，放在廚房，是美麗的風景。

不銹鋼主廚刀 ——⑩

一把14公分的主廚刀勝過無數把大刀小刀尖刀短刀，好刀不由品牌決定，只要合手好握，切割俐落即可。定期磨刀是讓好刀維持壽命的重點，請列在待辦Memo隨時提醒自己。

微量電子秤 ——⑪

能精準量到0.01公克，做香料果醬時，取香料粉經此測量，就不會失手一下放太多了。

削皮刀 ——⑫

去除果皮的利器，做芒果果醬有它削皮便事半功倍。

寬口漏斗 ——⑬

沒有它就無法俐落裝瓶了，它讓高溫果醬順利裝入瓶中，不會沾到瓶口，也不容易溢出弄髒瓶身。寬口漏斗方便裝豐富果肉與濃稠質地的果醬，細口漏斗容易塞口，並不適合。

玻璃瓶 ——⑭

裝盛果醬用的玻璃瓶需要先消毒過，附有螺旋蓋且蓋內有一層膠才能有效阻隔空氣，利於長期保存果醬。大家很擔心塑化劑殘留影響健康，事實上塑化劑需要高溫與油做為介質才會釋放出來，果醬沒有油質成分做為導引，請放心！

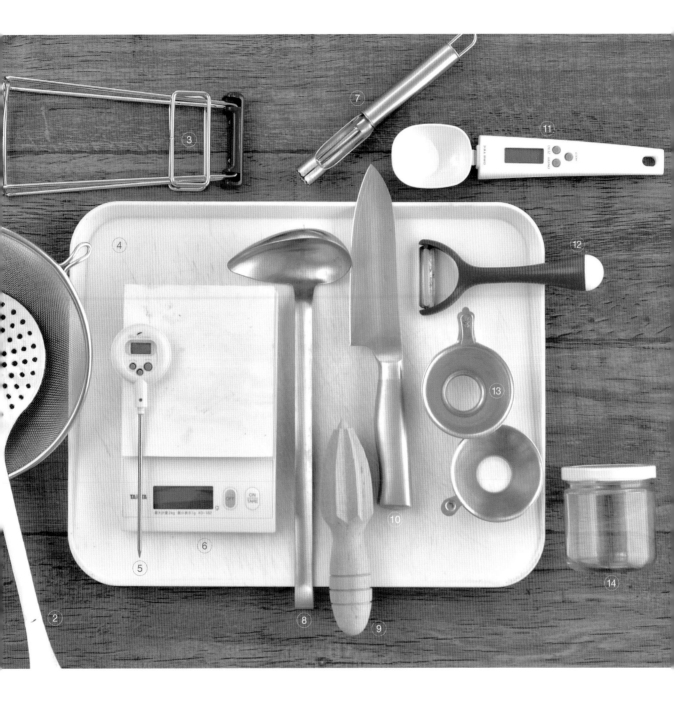

均質機 ——①

比起果汁機要機動便利些,清洗方便。能將粗纖維的水果例如鳳梨攪打至細緻,大片果肉也可以切大塊再攪打至細碎。

耐熱矽膠刮刀 ——②

勤儉持家者必備,用耐熱刮刀將裝瓶後的果醬鍋收集一下,不只清理鍋子,刮出的果醬還可以泡茶佐甜點,犒賞自己。

Microplane 削刀 ——③

被布丁公司的Rhea小姐譽為「上帝的傑作」!Microplane削刀好就好在它可以削出如羽毛般輕輕薄薄的柑橘皮絲,不會帶到白色那層,於是只留清香去了苦澀。有了它做夢都會笑!

搗泥鏟 ——④

原來是用來搗碎馬鈴薯的,這是我做澱粉類抹醬的利器,後頭的香草芋頭抹醬與高梁紫地瓜都是蒸熟後搗碎再來熬煮,當然也能用來搗碎質地較軟的水果。

刮泥板 ——⑤

聽起來很容易聯想到擋泥板,大概七年級生以前才知道這是什麼東西吧!回到正題,這是我用來磨碎鳳梨的工具,當然也能用在將果肉較硬的水果磨成絲,變換口感。

果汁機 ——⑥

要做出口感滑順細緻的果泥,用果汁機攪打最快最方便了!如果只是稍微將水果打碎,轉動幾下就可以了!善用果汁機,它能為你省下寶貴的時間。

汆燙網 —— 1

有些果醬熬煮前需要事先汆燙水果，例如番茄、桃子、李子等，汆燙網很方便，將水果放入網中，收好繫繩，燙過拿起放涼處理再方便不過。只是記得選用安全的食用矽膠材質，一般價格低廉沒有保證書的矽膠製品，我不敢用。

豆漿袋 —— 2

熬製果凝（Jelly）或是天然蘋果膠時，我就會用它過濾果肉，濾出乾淨清澈的果汁，豆漿袋可洗淨重複使用。

量匙 —— 3

量匙的規格有四種：1大匙15c.c.、1茶匙5c.c.、1/2茶匙2.5c.c.、1/4茶匙1.25c.c.。盛量時可多舀一些，再用刀背刮平即可。

量杯 —— 4

以杯為單位，適合用來量糖、液體、麵粉等無孔隙材料，盛完食材後，再用小刀的刀背刮平是最準確的方式。通常分歐式與日式規格，歐式一杯240c.c.，日式一杯200c.c.，請再注意你操作的食譜血統。

茶袋 —— 5

零零碎碎的小香料或果籽可收集在茶袋中，放入鍋中浸漬熬煮，風味釋放後再拿起丟棄，乾淨俐落。

搗泥碗 —— 6

碗底做了溝痕，增加了磨擦力，很適合用來現磨食材加入果醬中增添風味，例如薑等辛香料。

毛刷 —— 7

煮焦糖醬時沾水抹去鍋邊焦化的砂糖，用完必須立即清洗，否則會黏成一片，大幅耗損毛刷的使用壽命。

果 醬 三 大 元 素

水果、糖與酸，這麼簡單的三種元素竟能變化出如此豐富多元的滋味，讓我一開始接觸時大感驚喜！從西元1世紀第一瓶果醬問世以來，手工果醬依舊維持古老製法，沒有多大創新，以細火慢熬的方式，煉出一瓶瓶美麗的果醬，對我來說，這是無比迷人的果醬煉金術。

用好蔬果做好果醬

我已經忘了，因為一次採訪大妹提及，我才想起當初做果醬時爸爸的反應，他簡直覺得我瘋了，用這麼好的水果做成果醬，在他的經驗中，做果醬是盛產時消耗水果或是吃不完的水果將壞時，所採取的快速消耗動作，這其實也反應了多數人的想法。

但以保存的角度來看，將水果在最完美的狀態下收入瓶中，等於也留下最美的瞬間，無論品嘗的滋味、果物色澤肯定美妙。完熟的水果果膠含量最豐富，最適合熬製果醬，請勿選用過熟水果，因為水果已經開始發酵，此時果膠已快速流失。

春季果物

草莓

果膠 ●●● 　 果酸 ●●●●

草莓屬於漿果，不耐運輸易損傷，也有農藥殘留的問題，盡量選購有機無毒種植的最安心。它嘗來果肉柔軟，果味酸甜，果色瑰麗討喜，製成果醬永遠是最受歡迎的口味。

桑椹

果膠 ●●● 　 果酸 ●●●●

草莓產季結束不久，輪到桑椹上場，它是非常適合加工的漿果，採收後一定要馬上漂洗乾淨，立即鮮吃、打果汁或者急速冷凍保存，否則一下就發霉損壞了。桑椹果膠不多，可加入蘋果或者搭配其他漿果一起熬煮。

茂谷柑

果膠 ●●● 　 果酸 ●●●

茂谷柑皮薄味如蜜，果肉緊實，風味濃郁，柑橘類水果特有的苦味較為薄弱，是孩子也能接受的果醬口味，選購時以果形扁平，拿在手中感到沉甸而結實的最好。

葡萄柚

果膠 ●●● 　　果酸 ●●●●

分紅肉、白肉兩種，帶有明顯的苦味，是很大人的果味，它果膠富含在果皮、白色果膜與果籽中，可加入一起熬煮萃取。可以添加蜂蜜或酒掩去明顯的苦味。

晚崙西亞香橙

果膠 ●●● 　　果酸 ●●●●

來自葡萄牙的品種，在台灣東部落地生根。果實大於柳丁，香味與酸味皆強烈，果皮富含油脂，很適合做成帶皮果醬，或者將果皮做成糖漬橙皮，沾巧克力品嘗風味絕好。

聖女小番茄

果膠 ●●● 　　果酸 ●●●

聖女小番茄果實呈長橢圓形，果色鮮紅，皮薄多汁，優美香甜，非常適宜鮮吃，若做成果醬，需要搭配果膠高的水果一起熬煮。另外，番茄也需要汆燙去皮，才得好口感。

黑柿番茄

果膠 ●●● 　　果酸 ●●●●

個頭最大，厚皮，果味清甜爽口，最常拿來熬鹹醬入菜，以此做果醬較有成就感，汆燙去皮也容易，幾顆就能熬出一大鍋番茄果醬。

金珠小番茄

果膠 ●●● 　　果酸 ●●●

如同名字一樣，這可愛的小番茄長得圓圓滾滾，像小金珠一樣無比討喜，它果味甜美，皮薄多汁，可以對切放入果醬中裝飾添味。

桃太郎

果膠 ●●● 　　果酸 ●●●

這是爸爸最愛的番茄品種，在家中空地也種了一些，桃太郎果色成深粉紅，尾端微尖，果形可愛。皮薄少汁，口感細膩鬆軟，挺適合熬製果醬的。

芒果

果膠 ●●● 　　果酸 ●●●●

入夏芒果大出，土樣仔是幼時的記憶，愛文幾顆就能滿室生香，還有龍眼風味的黑香以及結合土樣仔香與愛文豐富果肉的夏雪……品種之多之繽紛之美味好膏，讓夏天熱鬧非凡！做果醬時需要添加適量果膠幫助凝膠。

百香果

果膠 ●●● 　　果酸 ●●●●

是所有果物中風味濃烈的，含有果香與花香，像個性熱情的墨西哥女人。色澤明亮鮮豔，是我最喜歡的水果之一，用百香果做甜點熬果醬，很難失敗，熬著果醬，微小的黑色果籽會是可愛的裝飾物，它雖果膠不少，但還是需要蘋果等膠質幫助凝膠。

蜜李

果膠 ●●● 　　果酸 ●●●

果皮極酸，果肉甜度適中，果皮上的白色物質是天然果粉，無需洗去。熬成單一口味，口感甚佳；亦可與同期水果熬成複合式風味，對桃、李都對味。

甜桃

果膠 ●●● 　　果酸 ●●● 　　易褐變

甜桃與水蜜桃果肉細緻，隱隱有股玫瑰香，非常適合與玫瑰一起熬成果醬。它非常容易褐變，處理果肉，請隨時將之浸漬檸檬汁固色。

秋季果物

柳橙

果膠 ●●● 　　果酸 ●●●●

對我來說，柳橙是比較沒有個性的水果，溫溫吞吞的不夠鮮明，它比較適合鮮吃，做成果醬大都還會加上其他水果或食材，做成複合風味的果醬。橙香果皮一定要刨進果醬，更添美味。

金桔

果膠 ●●● 　　果酸 ●●●●

金桔果味極酸，小小一顆汁液有限，大都用來襯托出果醬滋味，很難翻身做為主角。它嘗來有股嗆辣香氣，一點點就能改變果醬味道，適合加入柑橘類水果是一定的，也很適合與夏季水果一起熬煮，能解夏季水果常有的甜膩問題。

紅石榴

果膠 ●●● 　　果酸 ●●●●

晉朝《安石榴賦》中，潘岳形容紅石榴為天下之奇樹，九州之名果，「繽紛磊落，垂光耀質，滋味浸液，馨香流溢」。把紅石榴寫得如此美豔動人，它如同一顆顆珍貴的紅寶石，因為光剝出果粒就已費神費力，我大都取適量萃取果汁，用來添色。

黃檸檬

果膠 ●●● 　　果酸 ●●●●

進口的黃檸檬香氣優雅，果汁豐沛。台灣也有黃檸檬，稱為四季香檸檬，需要在橙黃採收，香氣溫和，個頭較高，果皮非常適合加工做成蜜餞。

紅西洋梨

果膠 ●●● 　　果酸 ●●●●

比起常見的綠色西洋梨，它果形較大，果肉細膩多汁，果味香甜，鮮吃非常可口，因為滋味和煦，是很適合做為襯底的果肉，例如可與紅酒或百香果一起熬製，讓果肉浸滿它們的香氣。

香水梨

果膠 ●●● 　　果酸 ●●●

果形比一般西洋梨小，線條可愛，光擺在桌上，就是一處好風景。果肉相對也細緻更多，果香迷人，適合加一點蜂蜜或檸檬，熬煮一鍋風味低調但雋永的果醬。

紫地瓜

果膠 ●●○　　果酸 ●●○

紫地瓜這類澱粉根莖類蔬菜，十分適合熬製成抹醬，風味大好！它深紫色澤實在美麗動人，做出來的紫玉抹醬顏色好像巴黎甜點一員。

紅蘋果

果膠 ●●○　　果酸 ●●●　　易褐變

蘋果屬於溫帶水果，其實不適宜濕熱的台灣種植，但經過農人努力，在中高海拔的土地已有豐沛收穫，做成果醬，熬成單一口味很好；更適合做成複合式口味，與焦糖超對味，是經典口味。

青蘋果

果膠 ●●○　　果酸 ●●●　　易褐變

台灣目前的青蘋果產量稀少，大多為「青龍」品種，青蘋果酸氣強，果膠含量豐富。台灣最能買到的進口青蘋果，品種為 Granny Smith（史密斯奶奶），口感清新爽脆，大多用來萃取「天然蘋果膠」，也非常適合做甜點。

冬季果物

金棗

果膠 ●●●　　果酸 ●○○

是柑橘類水果中，果膠含量最高的，果皮香甜好吃，難得柑橘水果中果皮滋味勝於果肉的。台灣的金棗果形呈長橢圓，日本金棗則圓圓滾滾的。

臍橙

果膠 ●●○　　果酸 ●○○

因為果實底部突生一個圓錐狀副果，形狀如肚臍，因而得名。果形比一般柑橘大上許多，滋味明亮爽朗，皮厚好剝，與好酒、香料非常投緣，可激盪出精采火花。

奇異果

果膠 ●●○　　果酸 ●●●

原來「獼猴桃」指的就是奇異果，鮮綠果色點綴圓狀果籽，非常美麗，是很適合用來裝飾的水果，熬成果醬風味顯著，與香草十分對味。有些人吃了會過敏，那是因為裡頭的「獼猴桃鹼」作祟，過敏者請酌量品嘗。

四季果物

蔓越莓

果膠 ●●● 　　果酸 ●●●

又叫做「小紅莓」，是莓果內中果膠含量最豐富的，果酸極高，加工後十分耐保存。做成果醬風味迷人，隱味帶有一些梅香。果膠少的水果很適合與它搭配。

櫻桃

果膠 ●●● 　　果酸 ●●●

櫻桃屬於核果類，是花的子房長成。帶有杏仁隱味，是很受歡迎的水果，適合搭配莓果、堅果、酒、巧克力、奶。

鳳梨

果膠 ●●● 　　果酸 ●●●

這熱帶果實風味出奇的熱情濃烈，土鳳梨酸香，金鑽甜氣夠，是目前最多用來熬製果醬的兩個品種，它含有豐富的鳳梨酵素，能軟化肉質。熬製果醬與辛香料、蘭姆酒、焦糖十分對味。

藍莓

果膠 ●●● 　　果酸 ●●●

藍莓含有大量的花青素，果實小巧可愛，風味除了酸甜適宜的莓果香，還隱含了特殊的香料氣味，生食與加工後的滋味不太一樣，加工後滋味更濃郁美味，很適合與酒、香料搭配熬成果醬。

番石榴（芭樂）

果膠 ●●● 　　果酸 ●●●

十足台灣本土印象的水果，一年四季都能嘗到的好果味。富含維生素C，不過這在熬製果醬時，遇高溫就會被破壞了。珍珠芭樂果肉爽脆，適合鮮吃；熬製果醬用的芭樂宜選完熟變軟的原生種，如土芭樂。

香蕉

果膠 ●●● 　　果酸 ●●● 易褐變

最適合熬製果醬的是徹底完熟的香蕉，這時候它果肉香甜柔軟，散發出一股香草、蜂蜜與蘭姆酒的香氣，果味芳美悠揚。與堅果、熱帶水果、巧克力、辛香料十分對味。

芭蕉

果膠 ●●○　　果酸 ◐○○　　易褐變

比起香蕉柔軟的果肉,外型矮肥短的芭蕉果肉則彈Q許多,果味帶酸,富含野味,洋溢著東南亞的風情,與椰奶、鳳梨、芒果十分對味。

綠檸檬

果膠 ●●○　　果酸 ●●●

是柑橘水果中酸度最高的,風味最強烈鮮明,含有明顯的辛香,能讓口氣清新,使用多元,是家庭必備水果。熬製果醬需要加一點蘋果幫助凝膠,綠檸檬單獨做成果醬,泡成檸檬紅茶,是醇美佳飲。

葡萄

果膠 ●●○　　果酸 ●●●

紫葡萄含有大量的鐵質,很適合女生多食。它做成果醬風味甚好,其實果皮與果籽才是營養來源,請選擇安全葡萄,將果皮磨碎,加入熬煮吧!做成的果醬香氣更加濃郁,隱隱還有點酒香。

楊桃

果膠 ●●○　　果酸 ●●●

楊桃水分多,果味特殊,加工後風味更棒,市場上最常見的是馬來種楊桃。熬製果醬與黑糖十分對味。只是楊桃含有草酸,若有腎臟問題的朋友請減少食用。

紅蘿蔔

果膠 ●●○　　果酸 ●○○

與柳橙一起熬製果醬,意外美味,讓這兩種食材結婚的人肯定是食物的藝術家,才能尋出線索作嫁。紅蘿蔔帶有甜味,生吃爽脆,熟食柔軟如泥,與柑橘類水果十分對味。

芋頭

果膠 ●●○　　果酸 ●○○

非常台灣印象的根莖類植物,澱粉含量豐富,甜鹹皆宜。台灣以大甲芋頭最著名,口感鬆軟香甜,淡淡紫芋色非常優雅。與香草、牛奶、鮮奶油、焦糖十分對味。

讓好糖保存好果醬

糖、鹽、油是天然的防腐劑，先民好有智慧，懂得利用這些天然材料保存食物，因而也創造出更燦爛多元的飲食文化。利用糖浸漬水果，你將發現，不用一會兒時間鍋內已然生水，這些水分是果汁，原理是糖以滲透壓破壞水果的細胞壁，糖進入水果後會析出果汁，透過烹煮，水分蒸發，糖分濃縮至60%以上，如此便能延長水果的保存，這樣的質地就是果醬。

糖因為製程或取材風味各異，依據使用方式與個人喜好，可挑選口感風味符合的糖，若使用純度高的精製糖，更能延長果醬的保存時間。

紅糖──❶ 常見的蔗糖，是沒有經過精煉的粗糖，大約是甘蔗製糖萃取第二道的成品。色澤深邃，含有礦物質，風味顯著，熬製果醬請酌量添加，否則會掩去水果風味。

黑糖──❷ 常見的蔗糖，是沒有經過精煉的粗糖，甘蔗製糖萃取第一道的成品。色澤最深，風味與養分最多，富含礦物質，嘗來有焦糖香。因為沒有經過精製，所含的雜質也最多，請酌量使用於果醬，否則風味會掩去果味，也容易造成果醬變質。黑糖是沿用日本統治台灣的名稱，黑糖之名最流行於日本的琉球。

海藻糖──❸ 萃取於海草、酵母、蕈類，甜度是蔗糖的45%，甜度較低相對熱量也低，有優異的保水性，能常保甜點濕潤蓬鬆；比蔗糖更耐酸耐熱，經常被用於甜點與果醬的製作，價格不斐。

糖粉──❹ 常見的蔗糖，這是蔗糖精煉後最後一道的產物，為潔白粉末狀，相當細緻，用於甜點能讓口感細緻綿密，製作果醬可快速與水果融合作用，完成糖漬。要製作糖粉的話很簡單，只要將白砂糖倒入調理機研磨製成粉末即可。

二砂糖──❺ 糖度98.3%，是甘蔗經壓榨、去雜質、結晶而成的淺棕色砂糖。富含甘蔗蜜香、蘭姆酒等風味，最適合用於果香濃烈的熱帶水果與台灣夏季水果。因為不是精製糖，難免還有雜質，可能會導致果醬發酵變質。

細砂糖──❻ 糖度最高，糖度約99.7%，白砂糖過篩後的微粒糖就是細砂糖，用來做果醬能更快完成糖漬作用。質地如白砂糖一樣乾淨純粹。

椰子花蜜糖──❼ 大都產自印尼，是採集椰子樹頂的花蜜製成的糖，大約8公升的椰子花蜜才能製成1公斤的糖，糖度為蔗糖的80%，甜度約蔗糖的40%，比蔗糖更具保濕性，能維持甜點濕潤的口感。非常適合做南洋風味的果醬，與鳳梨等熱帶水果十分對味，需搭配白砂糖一起使用。

白砂糖──❽ 糖度最高約99.7%，原料蔗糖經溶解去雜質及多次結晶煉製而成的高純度白糖，是最常使用的糖，因為質地純粹，味道乾淨，也最常用以熬製果醬。

冰糖──❶ 是所有糖中糖度次高的，為99.5%，高溫提煉砂糖取其單糖自然結晶而製成更大的顆粒，糖性穩定，不易發酵，風味乾淨清楚，非常適合用於熬製果醬，嘗來更不會如細砂糖容易回酸。

荔枝蜜──❷ 在糖尚未問世之前，果醬是用蜂蜜熬製而成的。荔枝蜜是單一種蜂蜜，琥珀蜜色，滋味清麗秀雅，帶有一絲荔枝花香與果酸味，甜度嘗來比砂糖高，因為風味顯著，用於果醬大多為調味用。荔枝蜜因為富含容易消化的葡萄糖，所以低溫時會結晶。

麥芽糖──❸ 甜度比蔗糖低，原料是小麥草與圓糯米，發酵熬成後的糖麥香濃郁甘甜，質地黏稠，富有光澤，也因為高度的黏稠性，很適合加入果醬熬製，能幫助果醬稠化。但因為麥芽糖風味鮮明，大多得酌量添加，避免搶味。

龍眼蜜──❹ 採集自龍眼花所分泌的花蜜，是台灣最常見的蜂蜜。蜜色深邃，香味濃郁，滑順甘甜，蜂蜜只要不滲入水分雜質，常溫存放多年也不會變質，千萬不要放入冰箱冷藏。與檸檬、蘋果一起熬製果醬最美味。

楓糖──❺ 熱量低於蔗糖，糖度約66%，採收至楓樹汁液再加熱濃縮提煉出的糖，和蜂蜜一樣，是來自大自然賜予的天然甜味劑，含有豐富的礦物質等養分，風味獨特，糖色呈深琥珀色，有動人的焦糖香，因為風味鮮明，請酌量添加，避免搶味。

果糖──❻ 糖度是蔗糖的1.73倍，糖色清澈透明，甜味乾淨純粹。市面上所見的果糖幾乎都是人工製造的高果糖玉米糖漿，是分解玉米澱粉所產生的人工甜味劑，價格低廉，近代研究發現對身體會產生不良影響，於是我避免不用。

桂花蜜──❼ 將桂花與二砂糖或蜂蜜加熱混合後的風味糖，糖度不一，有淡雅含蓄的桂花香與焦化的蔗糖香或蜜香，風味悠揚，適合酌量添加，豐富果醬滋味。

咖啡冰糖──❽ 將煉製蔗糖最後得到的「焦糖」加入白冰糖，就是「咖啡冰糖」，是專用於咖啡的糖。焦糖是天然的食用色素，有豐富的香草、蔗香、蘭姆酒香，能為咖啡增添焦糖香。若用於果醬，很適合加入牛奶、咖啡等抹醬，味道香醇濃郁。

無漂白冰糖──❾ 又稱為「紅冰糖」，是由二砂糖精煉而成的結晶糖。不漂白、沒脫色，完整保存了礦物質等養分，天然的琥珀糖色，洋溢著濃郁的焦糖香氣，非常適合熬製果醬。

加入酸做好果醬

酸是熬製果醬必要的元素，添加的比例約是水果重量的5%。幾個重要的功能是：（1）補充水果本身不足的酸度，中和甜度。（2）平衡酸鹼質。（3）幫助水果中的天然果膠更順利釋出。（4）防止水果褐變，讓水果定色，維持美麗果色。

百香果汁——❶ 百香果汁酸香中帶有甜味，充滿熱帶水果豐沛迷人的香氣，果味十分鮮明，適合加入熱帶水果、溫帶水果中調節酸度。若不希望果籽過多影響口感，則可利用濾網濾掉果籽。

醋——❷ 請選用不含防腐劑的天然醋，使用醋可平衡酸鹼質，使果醬耐存。若想增強果醬風味，可選用水果醋。

黃檸檬——❸ 果味清新，檸檬汁的酸佔總含量的5%，是水果中第二高。因為風味溫和，加入任何水果都十分適宜。

綠檸檬——❹ 比起溫和的黃檸檬，綠檸檬風味則顯得活耀強烈，也是所有水果中酸性最強的，檸檬酸含量佔實重量的8%。熬製手工果醬最不可缺少的就是綠檸檬。

金桔——❺ 滋味酸而不苦，帶點鹹鹹的隱味，有明顯的橘香，若沒有綠檸檬，它會是替代的好選擇。

果 醬 的 關 鍵 步 驟

能讓果醬更顯美味,除了挑選好的水果、好的食材,接下來還有更多的熬製技巧與處理方式,這些都是讓果醬美味的一個個關鍵,就像背好更多英文單字,英文能說得到一樣,掌握愈多技巧,你的果醬會更成功。

經典果醬熬製方式

浸漬法

經典的法式果醬熬製方式,齊聚水果、酸、甜放入鍋中透過浸漬作用,讓糖滲透入果肉中,析出果汁,能減少加熱時間,讓果味、果色不因漫長高溫熬煮而失去風味、色澤。是目前台灣手工果醬製作最常用的手法。

糖煮法

先煮糖,將糖煮至115℃的高溫後,再加入水果一起熬煮,這樣的方式是為了避免水果因為長時間熬煮大量流失果色與果味。

不同果形有不同的口感

評斷一瓶果醬美味與否除了觀察滋味、色澤、風味之外，口感是很大的關鍵。同樣的水果透過不同的切法，能讓果肉呈現迥異的口感。想要嘗來綿密有致還是富有咬勁，可以從不同的刀工手法決定。當然你也可以同時在一瓶果醬中放入兩種以上的果形，如此能讓口感相形豐富。

片狀

切成薄片或厚片都能留住果形，堆疊在瓶中嘗來似糖漬水果，像獨立純粹的水果甜點。蘋果、水蜜桃、梨子或香蕉都很適合切成片狀。

銀杏片

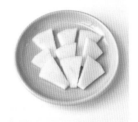

不易煮化的水果，例如西洋梨或紅蘋果適合切成銀杏片，保留果形以及彈Q的口感，適合做成多口味果醬，凸顯果形。

細條狀

將水果切成細條狀，為的是求不同的口感，在口中能得到較豐富的咀嚼興味。這樣用果絲概念做成的果醬抹起來未必好推開，但視覺上較美麗。

粗丁

將果肉切為1公分左右的粗丁，為的是充分保留咀嚼果肉的口感。除此之外，有些水果熬煮後容易化開成泥，例如：芒果、番石榴等軟質水果，若還想保留口感，就必須先將果丁切得大塊一些，即便煮後化掉還是能留住果肉。

小丁

熬煮果醬成功的要訣之一是將果肉切成相同大小，讓受熱面積均勻一致。小丁狀是最適合新手熬製果醬的果形，除了可練刀工之外，也是最能觀察出果肉在不同時間熬煮下的狀態變化。

不規則粗末

用孔隙大的磨泥板磨出的粗末果形是不規則的，但又可嘗到明顯的果肉質感，適用於鳳梨等果膠少的水果，靜置一段時間後能析出果肉與果汁，方便熬煮果醬。

細末狀

將水果切成均勻的細末，熬煮時能讓果膠充分釋出，這樣的切法能讓果醬保持稠密，又能保留一些微微口感。因為果肉受熱面積大，熬煮至果肉呈透亮是肉眼即可觀察出來的。這樣的口感十分優雅。

泥狀

將水果磨成完全看不出果形的泥狀，熬成果醬後將可得到細緻綿密的口感，這樣的果醬又可稱為水果奶油（Fruit Butter），抹起來有如滑順的奶油質地一樣。因為質地綿密加熱熬煮時，熱蒸氣無法從水果縫隙中蒸發，很容易噴濺出來而燙傷，請不時攪拌，讓熱氣散出。

柑橘類水果的處理方式

柑橘類水果的白色果皮與果膜有苦澀味，口感不佳，熬製Marmelade，先學會專處理柑橘類水果的刀工手法，會幫你省下不少時間。

果肉

1 將柳橙去頭去尾後，沿著果皮與果肉交界處下刀，慢慢去皮。

2 以刀刃沿著果肉與果膜間下刀，下刀後往上挑出一瓣瓣的果肉。

3 仔細除去果肉中的籽後，即得一瓣瓣的果肉。

果皮

1 將柳橙皮加入冷水煮沸。
● 從冷水開始煮，可徹底軟化果皮。

2 倒掉熱水後，以冷水洗過降溫，再注入冷水煮沸1次。
● 至少重複2次，去苦澀！

3 橫切去除白色內皮，也可以不要去除，因為已經煮沸2次了。

4 將果皮切成絲或者任何你想入果醬的質地。

正確的丈量方式

準確掌握重量比例，是做出好果醬的重點之一。使用電子秤非常方便，它能扣除掉容器重量再次歸零秤量食材淨重，不讓你為了計算這些重量數字而手忙腳亂。所謂的「淨重」是指水果去皮、去核、去籽後所得到用來熬製果醬的果肉，其他食材亦然。

1　開啟電源。

2　放上預備盛量食材的空容器。

3　電子秤歸零，空容器不必拿下。

4　放上測量的水果，得到淨重重量。

果醬的魔術數字

2——柑橘類水果的果皮至少要燙過兩次，才能有效除去苦味。

PH3.0～3.5——果醬的酸鹼度達PH3.0～3.5是最理想的凝膠質，可至烘焙行或化學材料行購買石蕊試紙測試。

85℃——最低裝瓶溫度。將果醬熬煮完成後，應在溫度降到85℃前完成裝瓶，否則溫度過低無法有效進行真空作用，容易受微生物、細菌汙染。

103℃——果醬的「終點溫度」。當果醬熬煮至此溫度，表示已經成功凝膠，是起鍋裝瓶的最佳時刻。

115℃——煮糖的最佳溫度。當煮糖至此溫度，即可加入水果熬煮。

判斷果醬完成的方式

冰水判斷法

將果醬滴入冰水中，若能成塊沉下，果醬不四散即可。

冷盤測試法

將少許果醬滴在冷盤中，進冰箱冷藏約2～3分鐘，取出傾斜盤子，若果醬呈現凝固狀，不會往下流動即可。

起鍋判斷法

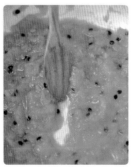

熬煮果醬時用木匙輕刮鍋底，若可輕鬆刮出一道痕跡即可，此法適應於澱粉類或香蕉等果肉黏稠的蔬果。

自製的天然蘋果膠

碰上果膠稀少的水果可以加入自製的天然蘋果膠增加稠度，最適合熬出果膠的蘋果品種是「史密斯奶奶」（Granny Mammy），這是目前所知果膠含量最多的蘋果。

果膠存在果皮與果肉間，一起下鍋熬煮最能萃取大量的果膠，但如果購買的蘋果不是有機無毒，很容易有農藥或果臘殘留的問題，為了健康，請務必去皮，只留果肉熬煮，雖然犧牲了些果膠，但你留住健康，很值得。

比例原則──〔果醬〕水果：天然蘋果膠＝1：0.2　　〔果凝〕水果：天然蘋果膠＝1：0.4

食材 • •

青蘋果　500g
檸檬汁　50g
細砂糖　350g
水　550g

做法 • •

1

洗淨綠檸檬、青蘋果。

2

將青蘋果削皮後，切成10等份，不需要去核去果籽。

3

將青蘋果和水一起放入鍋中，開大火煮至沸騰！

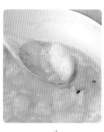

4

沸騰後轉中火續煮，隨時撈除浮沫，約30分鐘後，你可以觀察到鍋中的蘋果已呈軟爛透明。

5

利用孔目細小的網勺過濾果肉與果汁，留下清澈乾淨的濃縮蘋果汁。

6

將濃縮蘋果汁倒入鍋中，移到爐上，加入檸檬汁與細砂糖，攪拌均勻。

7

開中大火熬煮濃縮，隨時撈除浮沫，約莫10～15分鐘察覺到果汁開始略顯濃稠，關火。

8

轉小火煮至果汁濃縮1/3以上，且具光澤感，就能準備裝瓶了。

9

趁高溫快速裝瓶，將果凝倒入消毒過的玻璃瓶。

10

封蓋後盡快倒放，放涼後便真空耐保存了！

11

成功的蘋果膠應是清澈透明如晶凍。放冷後的蘋果果膠顏色會再深一點，果膠的狀態也會呈現比較凝膠狀。

Tips

過濾剩下的蘋果泥切勿丟棄，可趁熱挑去果籽後，加水打成泥，和適量的糖、檸檬汁做成青蘋果泥。

果 醬 的 保 存 方 式

保存的關鍵 ╱ 容器的事前消毒

用心熬製的美味果醬不添加任何防腐劑等人工添加物,要能夠長期保存,最簡單的方式就是確保填裝容器是乾淨無菌的。在此分享兩種消毒法以及儲藏方式,你可以選擇對自己方便的方式來消毒與保存。

熱消毒法

 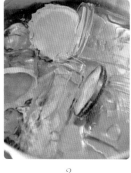  

1

清洗玻璃瓶與玻璃蓋。

2

在鍋中盛滿水,放入玻璃瓶與玻璃蓋後水位大約再高5公分左右。開大火煮至沸騰,沸騰後先將玻璃瓶蓋挾起倒放至乾燥。

3

續煮玻璃瓶,沸騰後轉中小火大約再煮10分鐘,徹底消毒後,用隔熱夾取出玻璃瓶,玻璃瓶的溫度非常高,請小心操作,別燙傷了。

4

將高溫消毒後的玻璃瓶與瓶蓋倒放降溫,請放在漏網上,這樣水分才會滴漏乾淨。

烤箱消毒法

1

將玻璃瓶洗淨後,放入烤箱,開110℃烤10分鐘之後,取出放涼。

2

將洗淨甩乾水分的瓶蓋放入烤箱內,利用餘溫消毒。玻璃瓶蓋內有一圈隔絕膠,不耐高溫,所以以餘溫消毒即可。

果醬裝入瓶中旋緊蓋子後就完成了，我們已經在事前消毒好瓶子，也在熬製過程中保握溫度原則，讓果醬在最完美的狀態下裝瓶保存。

真空裝瓶法

Tips

● 如何確認真空成功？

真空成功的瓶蓋會呈現內縮的模子，如圖中的右瓶。

1

果醬熬製完成後，趁高溫裝瓶，在85℃前完成。

2

將果醬裝至九分滿，不要留太多空間占滿空氣，果醬容易酸化變質。

3

倒放果醬，果醬能以高熱餘溫消毒瓶蓋與玻璃瓶接觸的孔隙。果醬餘溫能殺滅可能附在瓶蓋上的微生物。高溫退涼後，瓶內的果醬會因為熱脹冷縮的關係，自然形成真空。

最後，在裝瓶完成我們還能掌握儲藏方式，讓果醬能夠更長保美味，讓我們更能品嘗水果的自然旬味。

請置於陽光無法直照的陰涼處恆溫保存

請置於冰箱內低溫保存

Tips

● 果醬放冰箱門很NG！

冰箱門開開關關下，非常容易受到環境影響溫度，所以無法保持恆溫，果醬不應該放在這兒保存。

請貼上製作日期管理果醬

果醬怕熱，高溫會讓果醬容易變質，請找到一處陽光無法直接照射的陰涼處存放果醬，果醬大約可保存3個月。

台灣溽夏高溫難耐，可以將果醬放入冰箱保存，可維持6個月左右的嘗鮮期。

做好一批果醬就立即貼上製作日期的標籤，做好這樣的儲存管理，就不會讓果醬過期，錯過品嘗的最好時機！

果 醬 的 調 味

香草 歐洲飲食大量使用香草，尤其地中海地區。香草其實是植物自我防禦的一種機制，散發出強烈氣味來防止昆蟲咬食。誰料到這期待昆蟲敬而遠之的氣味反而成了吸引人類一親芳澤的線索，除了讓食物更入味好食，聞了好能鎮靜心神。

檸檬葉──❶ 是泰國料理常用的4大香料之一，大都摘下後乾燥處理。氣味清新芬芳，洋溢淡淡柑橘香，適合搭配薄荷、奶、巧克力、堅果、香蕉、柑橘類水果。

薰衣草──❷ 源自地中海，氣味濃郁芬芳，帶有木質味道，是很受歡迎的香氛，適合搭配牛奶、奶油、巧克力、堅果、香草、蘋果、桃、李。

月桂葉──❸ 是歐洲料理常用的香草，新鮮的月桂葉比乾燥的月桂葉風味更清楚鮮明，風味濃郁，燉煮不化，適合搭配莓果、奶油、堅果、焦糖、蘋果。

薄荷──❹ 最為人所知的香草，以「綠薄荷」這品種最普及，風味清新溫和，使用多元，適合搭配莓果、奶油、堅果、焦糖、蘋果、熱帶水果、柑橘類水果。

紫蘇──❺ 日式料理中常見的食材，鮮食或乾燥後風味濃郁，散發出草本香與辛香，適合搭配芭樂、檸檬、薄荷、西洋梨、蘋果。

迷迭香──❻ 源自地中海，風味非常強烈鮮明，帶有木質香、丁香與松香，是很受歡迎的香氛，適合搭配牛奶、奶油、巧克力、蘋果、西洋梨、桃、李。

花 吃花是件風雅之事。《山家清供》是南宋流傳至今最完整的食譜,作者林洪在書裡記下了「梅花湯餅」、「蜜漬梅花」。法國甜點大師Pierre Hermé創意組合:玫瑰、荔枝、覆盆子已成經典。但並非所有花都能入饌,挑選花卉要以無毒,觀賞花卉會殘留農藥不可用。

杭菊——❶ 源自中國,使用多元,可觀賞藥用食用,花香明顯,帶有木質香,適合搭配茶、蜂蜜與蘋果、西洋梨、桃等風味較淡的水果。

橙花水——❷ 食用級花水,是印度、中東地區常用的食材,花香鮮明爽朗,無色無口感,適合搭配柑橘類水果、奶油、巧克力、蘋果、西洋梨、香蕉、莓果。

桂花——❸ 原產於中國,是自古至今最常入菜的花料,風味含蓄細密,清香淡雅,適合搭配蜂蜜、茶、巧克力、蘋果、西洋梨。

櫻花——❹ 日本國花,多為裝飾甜點、和果子所用,風味淡麗,大都梅漬、鹽漬保存,適合搭配蜂蜜、茶、蘋果、西洋梨。

野薑花——❺ 又稱「蝴蝶花」,花形如蝴蝶群聚飛舞,甚美。花香素雅恬淡,適合搭配紅茶、蘋果、蜂蜜、西洋梨、柑橘類水果。

玫瑰花——❻ 是使用於甜點最多的花種,裝飾、入味功能多變,花香濃麗馥郁,花色鮮艷熱情,適合搭配巧克力、紅酒、奶油、蘋果、莓果、荔枝、桃、李。

茶 茶的歷史悠長，根據不同民族、風土創造出豐富燦爛的飲用方式，甚至成了研究的一門學問或生活方式，中國有陸羽撰寫的《茶經》、到日本誕生了各派別的茶道文化，歐洲午茶時光成了交際文化。若將茶入果醬熬煮，能突顯茶味的清淡食材是首要之選。

紅玉紅茶──❶ 由台灣原生種野生山茶與緬甸大葉種培育而成，茶湯明亮艷紅，茶味有薄荷及淡淡的肉桂香，適合搭配蘋果、西洋梨、桃、柑橘類水果。

阿薩姆紅茶──❷ 原產自印度的阿薩姆，茶味濃烈鮮明，有明顯的麥芽香，是飲用最廣的茶。適合搭配香料、堅果、奶油、巧克力、蘋果、西洋梨、柑橘類水果、熱帶水果。

伯爵紅茶──❸ 是調味茶，以錫蘭紅茶為基底，加入佛手柑豐富茶香，茶湯深沉，茶味鮮明強烈，適合搭配香料、蘋果、西洋梨、桃、李、柑橘類水果。

煎茶──❹ 雖然陸羽《茶經》中已記載煎茶，但這卻是相當日本印象的加工綠茶，茶色翠翡青綠，茶湯甘甜略澀，適合搭配香料、堅果、蘋果、西洋梨。

抹茶──❺ 此茶開啟了日本的茶道文化，將綠茶研磨成粉，茶色碧綠，茶湯甘澀，適合搭配香料、堅果、牛奶、奶油、巧克力、蘋果、西洋梨。

烏龍茶──❻ 是相當台灣印象的茶，茶葉色澤烏黑，成條索狀。茶色金黃，茶湯甘甜帶有些微花香，適合搭配香料、堅果、牛奶、奶油、巧克力。

在印度，由於香料所散發的香味如此雋永沉穩，印度人認為是神靈降臨的象徵，於是香料與宗教密不可分，有其神聖意義。除了貝殼曾被當成貨幣，香料在難見的歐洲也被當成貨幣流通貿易。目前最貴的香料前三名分別是：番紅花、香草莢、小荳蔻。

肉桂——① 最古老的辛香料之一，是指錫蘭肉桂樹的樹皮，古印度以及中國的《本草綱目》都均有使用記載。嘗來熱辣辛香，適合搭配蘋果、牛奶、焦糖、巧克力。

綠胡椒——② 胡椒是歐洲出現的第一種辛香料，將未成熟的胡椒冷凍乾燥就是綠胡椒，辣度較低，風味清香含蓄，適合搭配奶油、薄荷、巧克力、熱帶水果。

白胡椒——③ 採收完成熟透的黑紅色胡椒果實，去皮乾燥後所得到的就是白胡椒。風味不若黑胡椒刺激，香味輕盈，適合搭配熱帶水果、巧克力、焦糖。

黑胡椒——④ 採收尚未成熟的紅色胡椒果實，去皮乾燥後所得到的就是黑胡椒。風味嗆辣濃烈，嘗來有炙熱感，適合搭配巧克力、焦糖、熱帶水果、莓果。

巧克力——⑤ 風靡全世界的食材之一，被視為「美食的春藥」。原料煉至可可豆，風味香醇迷人，不同風土孕育出滋味豐富，適合搭配莓果、熱帶水果、牛奶、香草、香蕉。

梅子粉——⑥ 將梅子醃漬後經日曬，再連籽研磨成粉，是亞洲特有的香料之一。嘗來酸甜清香助開胃，適合搭配芭樂、蘋果、梨子、香草。

薑粉——⑦ 將新鮮的薑乾燥研磨成粉，是中國與印度地區使用最多的香料。風味嗆辣濃烈，適合搭配香蕉、巧克力、柑橘類水果。

肉桂粉——⑧ 將肉桂條研磨成粉，風味更濃烈甜香，添加時一定要酌量使用，避免過度搶味。適合搭配蘋果、牛奶、焦糖、巧克力、堅果。

香草莢——⑨ 原產自中美洲的蘭科植物的豆莢果實，現以馬達加斯加島品質最好。香氣迷人雋永，搭配多元，與蘋果、牛奶、焦糖、巧克力、水果更對味。

丁香——⑩ 漢朝時就有使用丁香的記錄了，那時候的朝廷官員上朝前為了口氣清新會嚼食丁香。風味芳香微辣，適合搭配蘋果、梨、香蕉、肉桂、柑橘類水果。

小荳蔻——⑪ 產自東方，果實中約有20個種子，香氣辛辣溫暖，可促進食欲。適合搭配肉桂、牛奶、巧克力、蘋果、蜂蜜。

堅果 堅果、果乾、豆類種子都是將所有營養、風味濃縮在一起的食材，於是嘗來總是濃郁繁複，含有大量的香氣與滋味，堅果最常使用於甜點烘焙，和果乾一樣容易酸敗，需要細心冷藏保存；豆類除了紅豆，很台灣味的綠豆也可做成抹醬。

松子──❶ 是松樹的果實，油脂含量豐富，堅果香氣濃厚，是高價堅果。適合搭配鹽、香料、堅果、奶油、巧克力、蜂蜜、咖啡、檸檬。

杏仁──❷ 常用於烘焙甜食的是大杏仁，風味溫實，帶木質香。適合搭配鹽、香料、堅果、奶油、巧克力、蜂蜜、咖啡、無花果、柑橘類水果。

核桃──❸ 富含油脂，能為食物帶來堅果香氣。適合搭配鹽、香料、奶油、巧克力、蘋果、香蕉、焦糖、莓果。

南瓜子──❹ 顧名思義是南瓜的種子，色澤青綠，使用多元，適合搭配香料、堅果、奶油、巧克力、蜂蜜、西洋梨。

腰果──❺ 原產地是熱帶美洲，富含油脂，吃來有些微花香與濃濃堅果香，適合搭配香料、堅果、奶油、巧克力、蜂蜜、莓果、香蕉。

葡萄乾──❻ 經成熟的葡萄經由日曬或風乾得出的果乾，風味濃郁甜蜜，使用多元，適合搭配香料、堅果、奶油、巧克力、蜂蜜、酒、柑橘類水果、蘋果、莓果。

葵瓜子──❼ 採收向日葵花托上成熟的種子曬乾而成，堅果香鮮明，果型小巧可愛。適合搭配香料、堅果、奶油、巧克力、蜂蜜、西洋梨。

紅豆──❽ 台灣人最愛的豆類，做成甜點多樣美味，以高屏地區生產的紅豆品質最好，嘗來鬆軟綿密，適合搭配香料、堅果、奶油、牛奶、蜂蜜。

無論東西方，在文獻中很早就看到了酒的出現，最早是以水果與大麥發酵釀製，古人稱「瓊漿玉液」為香醇美酒，可見這是人類飲食歷史中非常重要的發明。除了享樂飲用，酒也有宗教祭祀、醫療的用途。除了小酌品味，加入飲食烹調也很精彩。

白酒──❶ 以青葡萄發酵而成的水果酒，酒精濃度12%～15%，酒色淺綠、黃色、淡粉紅，風味清爽，適合搭配肉桂、奶油、顏色與風味較淡的水果，如蘋果、桃、香蕉。

奶酒──❷ 是鮮奶油混和威士忌的複合酒，酒精濃度17%，酒色呈奶茶色，風味濃郁香醇，有可可香，適合搭配肉桂、奶油、莓果、堅果、蘋果。

高粱酒──❸ 杜康是酒的始祖，他釀的秫酒，就是高粱酒。以高粱蒸餾的烈酒，酒精濃度約57%～60%，酒色清澈，穀香濃郁，適合搭配香料、熱帶水果、澱粉類蔬菜。

莓果香甜酒──❹ 在利口酒中調味覆盆子、黑莓、黑醋栗果汁。酒精濃度16.5%，酒色深沉，風味繁複多層次，適合搭配蜂蜜、蘋果、桃、李、巧克力。

紅酒──❺ 以紅葡萄發酵而成的水果酒，酒精濃度12%～15%，酒色深沉瑰麗，風味濃郁，適合搭配肉桂、奶油、顏色與風味較深的水果，如莓果、李子、熱帶水果、柑橘水果。

威士忌──❻ 將大麥等穀物為原料蒸餾的酒，酒精濃度41%，焦糖酒色，風味醇厚，愈陳愈香。適合搭配香料、香草、堅果、柑橘類水果、巧克力。

白蘭地──❼ 將白葡萄發酵蒸餾後，再儲存於橡木桶靜置5年以上，酒精度41%，深褐酒色，風味富有層次。適合搭配香料、巧克力、柑橘類水果。

奶製品

奶是最原始的食物，結合了醣、蛋白質、脂肪。風味濃郁、口感滑順，西方人很早就懂了享受這項食材了。奶製品怕熱嬌貴得很，容易受溫度影響而快速質變，所以鮮奶油開瓶後最好在一周內享用完畢。椰奶雖是奶，卻是全然的植物性。

鮮奶──① 最常見是牛乳，奶香濃郁，入甜點或入果醬都能帶來滑順口感與溫暖的香氣，適合搭配香料、香草、堅果、奶油、巧克力、蜂蜜、水果。

椰奶──② 將成熟椰子取出果肉，經過萃煉得出的濃稠液體，奶香濃郁，是東南亞常見的食材。適合搭配香料、堅果、奶油、巧克力、蜂蜜、西洋梨、蘋果。

無鹽奶油──③ 無添加鹽味的奶油，有濃郁的乳香味，可單獨做為抹醬，入果醬酌量即可。適合搭配香料、堅果、奶油、巧克力、蜂蜜、西洋梨、蘋果。

鮮奶油──④ 由牛奶在提煉奶油時浮在表面的脂肪所製成，添加後能讓料理產生溫潤口感，並增加濃稠度。適合搭配香料、堅果、奶油、巧克力、蜂蜜、西洋梨、蘋果。

其他

所有的食材只要你能尋出搭配的脈絡軌跡都能為果醬添味加分，發揮想像力與混搭功力，鹹的、辣的也能加入甜的！我一再提及的巴黎甜點大師Pierre Hermé就有句名言：「鹽才是讓甜點加分的關鍵」。

鹽之花──⑤ 珍貴的鹽之花來自法國葛宏德區，風味恬淡清亮，香而不膩，富有層次。適合搭配香料、堅果、奶油、巧克力、蜂蜜、焦糖。

楊桃醋──⑥ 加味水果醋，以醋為基底加入楊桃，色澤深厚，風味濃郁，適合搭配香料、香草、奶油、蘋果、西洋梨、蜂蜜、焦糖、熱帶水果。

巴薩米克醋──⑦ 源自義大利的紅酒醋，年份愈久風味愈醇厚悠遠，滋味酸香有致，適合搭配香料、草莓、桃、巧克力、蜂蜜、焦糖。

梅子醋──⑧ 加味水果醋，以醋為基底加入梅子，醋色如茶湯，滋味酸嗆鮮明，適合搭配香料、堅果、梅子、桃李、草莓、巧克力、蜂蜜、西洋梨。

海鹽──⑨ 將海水蒸發濃縮結晶的鹽，風味粗獷圓潤，適合搭配香料、堅果、奶油、巧克力、蜂蜜、焦糖。

只想送給你，職人訂製果醬

特地量身訂做的果醬其實並不簡單，通常都是經過一次又一次不斷地試作，
才能調製出最完美而讓人滿意的口味。

• •

Kumquat Marmalade with White Wine & Earl Grey

Orange Marmalade with Whisky

Kumquat Marmalade

Summer's Orange Marmalade

Yellow Lemon Marmalade with Ginger

Orange Marmalade with Spices & Pumpkin

Shining Stars Jelly

白酒伯爵金棗

Kumquat Marmalade with White Wine & Earl Grey

{ 伯爵茶很適合拿來做成果醬，可以依個人喜歡去選擇茶
葉煮好後濾出茶汁，或是簡單地用茶包來泡茶也可以，
很喜歡茶汁熬煮入醬散發出的淡淡清香。 }

獲得
《世界柑橘類果醬大賽》
「適合佐餐(魚料理)」銅獎

食材

金棗	1000g
金桔	200g
白酒	100g
冰糖	500g
伯爵茶	5g

[*Day 1*]　處理水果　　　靜置醃漬

1

將金棗及金桔以活水洗淨,然後徹底瀝乾。

2

將金棗切成0.3公分寬度的小圈圈,記得除去果籽。

1

金棗加糖,混合均勻至糖漬出水。

2

金桔切半後去籽,擠汁加入。

3

包上保鮮膜,放入冰箱中冷藏醃漬一夜。

[*Day 2*]　熬煮裝瓶

1

將冷藏一夜的糖漬金棗放室溫退冰後,置於爐火上加熱熬煮。

2

加入泡好的伯爵茶汁,煮至果漿感覺有黏稠感,用木匙挖起時果醬滑落速度減緩,且有光澤感即可,煮的過程中要注意隨時撈除浮沫,並攪拌均勻。

3

起鍋前再倒入白酒。

1

趁熱將果醬填入消毒後的玻璃瓶。

5

旋緊蓋子後將果醬倒放降溫,放涼後就可以享用了。

獲得
《世界柑橘類果醬大賽》
「使用有趣食材」銀獎

獲得
《世界柑橘類果醬大賽》
「適合佐餐(肉料理)」銀獎

獲得
《世界柑橘類果醬大賽》
「使用酒類食材」銅獎

食材

香吉士　600g
茂谷柑　200g
黃檸檬　100g
綠檸檬　100g
金桔　100g
威士忌　50g
冰糖　500g

威士忌柑橘

Orange Marmalade with Whisky

這款威士忌柑橘可以說是好食光柑橘類果醬的招牌果
醬，不僅是因為榮獲了2019 世界柑橘類果醬大賽二銀
一銅獎，同時它也是百搭醬，不但可以搭配肉料理，抹
麵包或搭配紅茶也都合適。

> *Day 1*　　處理水果

1

將所有水果都以活
水洗淨。

2

香吉士、黃檸檬、
綠檸檬均削下外
皮。

3

切除果肉上白膜。

4

香吉士、黃檸檬、
綠檸檬沿著果膜
一一片出果肉。

5

片好的果肉仔細去
籽。

6

將茂谷柑切片。

7

茂谷柑剝皮後去
籽。

8

茂谷柑果肉切成小
三角丁。

1
香吉士、茂谷柑、黃檸檬和綠檸檬切下的果皮放入鍋中，注入冷水煮沸至白色部分成為透明狀後撈起。

2
去除白色內膜以去除苦味。

3
將除去白色內膜的果皮切成絲。

1
把切好的果皮絲和果肉一起放入調理盆中。

2
加入冰糖。

〔 Day 2 〕　熬煮裝瓶

3
混合均勻至糖漬出水。

1
包上保鮮膜，放入冰箱中冷藏醃漬一夜。

1
將冷藏一夜的糖漬果皮果肉放室溫退冰後，置於爐火上加熱熬煮，煮至果漿感覺有黏稠感，用木匙挖起時果醬滑落速度減緩，且有光澤感即可，煮的過程中要注意隨時撈除浮沫，並攪拌均勻。

2
金桔切半後去籽，擠汁加入果醬中拌勻。

3
起鍋前再倒入威士忌。

1
趁熱將果醬填入消毒後的玻璃瓶。

5
旋緊蓋子後將果醬倒放降溫，放涼後就可以享用了。

果醬小幫手

●善用各種酒品為柑橘類果醬添香，你便能享受果醬沉放後的融合滋味。

純粹金棗

Kumqunt Marmalade

GOLD
2019

獲得
《世界柑橘類果醬日本大賽》
「單一柑橘類」最高金賞

金棗果膠含量豐沛，是相橘類水果中的佼佼者，可以單顆糖漬；也可以切成小圓片，玩排列組合的遊戲，妥善在瓶內排列金棗小圈圈，放完可以給自己一個掌聲，果醬也有外在美。

食材

金棗　500g
金桔汁　25g
（約5顆金桔取汁）
細砂糖　250g
海鹽　1撮

以活水洗淨金棗。

然後徹底瀝乾。

將金棗切成0.3公
分寬的小圈圈。

也要記得除去果籽
（用刀尖或手方便
就可以）。

將金棗放入鍋中。

將金桔切開，將汁擠入鍋中，稍微攪拌
一下。

最後倒入細砂糖。

8

用刮刀充分混合金棗、糖與金桔汁。最少靜置4小時或半天，讓金棗充分糖漬出水。

9

靜置後，以中火煮至沸騰。

10

隨時撈去浮沫。

11

並不時攪拌以防果醬焦底。

12

當金棗圈圈逐漸呈現透明狀，就轉小火繼續熬。

13

加入一撮海鹽攪拌均勻。

14

煮至金棗完全透亮，呈現光澤感即可準備起鍋。

15

用筷子將金棗圈圈一一排在玻璃瓶外圍，之後再小心填滿，這樣會有排列的美感。

● 如果你沒有耐心，那千萬不要這麼做，豪氣裝入就可以了！

16

將裝好的果醬倒放降溫便完成了。

食材

芒果 300g
香吉士 500g
茂谷柑 500g
檸檬 3顆
香蕉 1根
芒果乾 1片
馬告 30顆
冰糖 700g

夏日柑橘

Summer's Orange Marmalade

{ 加入了芒果就像完整地加了夏天的味道，我習慣用小農
種植的愛文芒果，滋味濃郁香甜，添了馬告更帶有淡淡
的檸檬香，更有畫龍點睛之效。 }

[*Day 1*] 處理水果

1
將所有水果都以活
水洗淨。

2
香吉士削下外皮，
再切除果肉上白
膜。

3
香吉士沿著果膜
一一片出果肉，並
仔細去籽。

4
將茂谷柑切成6
瓣，剝皮後去籽。

5
茂谷柑果肉切成小
三角丁。

6
芒果去皮後切小
丁。

7
芒果乾也切小丁。

8
香蕉去皮後切薄
片。

處理果皮

1	*2*	*3*
把香吉士、茂谷柑的果皮滾水煮沸，軟化並除去苦味。	去除白色內膜再一次去除苦味。	將除去白色內膜的香吉士、茂谷柑均切成絲。

靜置醃漬

1	*2*
把切好的香吉士、茂谷柑的果皮絲和果肉、芒果果肉均放入調理盆中，加入冰糖。	再加入馬告。

3	*4*	*5*
擠入檸檬汁。	混合均勻至糖漬出水。	包上保鮮膜，放入冰箱中冷藏醃漬一夜。

［ Day 2 ］　熬煮裝瓶

1

將冷藏一夜的糖漬果皮果肉放室溫退冰後，置於爐火上加熱熬煮，煮至果漿感覺有黏稠感，用木匙挖起時果醬滑落速度減緩，且有光澤感，煮的過程中要注意隨時撈除浮沫，並攪拌均勻。

2	*3*	*4*	*5*
將香蕉片加入果醬中拌勻。	再倒入芒果乾小丁，中小火續煮約10分鐘。	趁熱將果醬填入消毒後的玻璃瓶。	旋緊蓋子後將果醬倒放降溫，放涼後就可以享用了。

果醬小幫手

- 台灣有各式香料加入果醬的風味表現皆非常優異，例如馬告帶有檸檬、薑香，適合使用於柑橘類果醬，刺蔥、紫蘇、艾草等，亦都是添香絕品。

黃檸檬薑薑

Yellow Lemon Marmalade with Ginger

黃檸檬和薑其實是速配好朋友，做好的果醬呈現著清透的黃色，看起來就相當美麗，這一款黃檸檬果醬除了抹吐司和餅乾，和司康也很對味，還可以拿來泡茶，夏天做成冰飲或是冬天做成熱飲都很適合。

食材

黃檸檬　4顆
綠檸檬　3顆
青蘋果　3顆
老薑　1小塊
蜂蜜　50g
冰糖　500g

1
將所有水果、老薑均以活水洗淨。

2
黃檸檬削下外皮。

3
切除果肉上白膜。

3
黃檸檬沿著果膜片出果肉且仔細去籽。

1
青蘋果去皮、去核。

5
將青蘋果切小片。

6
薑切薄片。

處理果皮

1
將黃檸檬切下的果皮放入鍋中，注入冷水煮沸至白色部分成為透明狀後撈起。

2
黃檸檬去除白色內膜以去除苦味，再切成絲。

靜置醃漬

1
青蘋果、黃檸檬、檸檬皮、薑片加糖，再擠入綠檸檬汁混合均勻至糖漬出水。

2
包上保鮮膜，放入冰箱中冷藏醃漬一夜。

【 Day 2 】　熬煮裝瓶

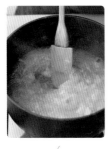

1

將冷藏一夜的糖漬果皮果肉放室溫退冰後，置於爐火上加熱熬煮。

2

煮至果漿感覺有黏稠感，煮的時候用木匙把青蘋果壓碎，擠出果膠質。

3

煮至用木匙挖起時果醬滑落速度減緩，且有光澤感時，即可以撈除薑片。

4

裝瓶前加入蜂蜜調味。趁熱將果醬填入消毒後的玻璃瓶。

5

趁熱將果醬填入消毒後的玻璃瓶。

6

旋緊蓋子後將果醬倒放降溫，放涼後就可以享用了。

果醬小幫手

● 台灣已有品質良好的黃檸檬和梅爾檸檬，夏天正是盛產，喜歡黃檸檬溫柔風味的朋友千萬不要錯過！

食材

● ● ┄┄┄┄┄┄┄┄┄┄┄┄

香吉士 5顆
南瓜 200g
檸檬 3顆
馬告 10顆
丁香 2顆
黑胡椒 10顆
花椒 10顆
冰糖 400g

柑 橘 香 料 南 瓜

Orange Marmalade with Spices & Pumpkin

很多人都無法想像用蔬菜來入菜,其實用南瓜來當作基
底的果醬,吃起來綿密順滑,尤其是加了丁香和馬告、
黑胡椒、花椒等香料,會交織出一種你難以想像的絕妙
風味。

〔 *Day 1* 〕 處理水果

1
將所有水果都以活
水洗淨。

2
香吉士削下外皮。

3
切除果肉上白膜,
避免苦味。

   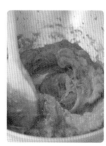

4
香吉士沿著果膜
一一片出果肉。

5
片好的果肉仔細去
籽後切小丁。

6
南瓜去籽,放入電
鍋先蒸熟。

7
南瓜肉搗成泥備
用。

處理果皮　　　靜置醃漬

_1_
香吉士切下的果皮放入鍋中，注入冷水煮沸至白色部分成為透明狀後撈起。

_2_
去除白色內膜後切成絲。

_1_
把切好的香吉士絲和南瓜泥一起放入調理盆中，加入冰糖。

_2_
擠上檸檬汁混合均勻。

_3_
混合均勻至糖漬出水。

_4_
加入馬告、丁香、黑胡椒、花椒等香料。

_5_
包上保鮮膜，放入冰箱中冷藏醃漬一夜。

【 _Day 2_ 】　熬 煮 裝 瓶

_1_
將冷藏一夜的糖漬南瓜柑橘放室溫退冰後，置於爐火上加熱熬煮。煮至果漿感覺有黏稠感，用木匙挖起時果醬滑落速度減緩，且有光澤感即可，煮的過程中要注意隨時撈除浮沫，並攪拌均勻。

_2_
趁熱將果醬填入消毒後的玻璃瓶。

_3_
旋緊蓋子後將果醬倒放降溫，放涼後就可以享用了。

果醬小幫手

●南瓜也可以換成地瓜，作法是類似的，風味也會更為細緻柔和。

璀璨星星果凝

Shining Stars Jelly

台灣應該還沒有人這樣做果醬吧?!雖然作法比較繁複,但是呈現出來的效果卻是讓人欣喜,我最愛它通透的凝膠上點綴著一顆一顆星星,很美、很讓人陶醉,而且風味也相當獨特。

食材

黃檸檬　3顆
香吉士　3顆
青蘋果　3顆
蜂蜜　30g
冰糖　500g

[*Day 1*]　**處理水果**

1

將所有水果均以活水洗淨。

2

黃檸檬、香吉士均削下外皮。

3

黃檸檬、香吉士切除果肉上白膜。

4

黃檸檬、香吉士沿著果膜片出果肉且仔細去籽。

5

青蘋果去皮、去核。

處理果皮

6

將青蘋果切小片。

1

黃檸檬皮、香吉士皮切下的果皮放入鍋中，注入冷水煮沸至白色部分成為透明狀後撈起。

2

黃檸檬皮、香吉士皮去除白色內膜以去除苦味。

3

黃檸檬皮、香吉士皮用壓模壓出星星。

4

取出星星果皮。

1	*2*
把所有果皮、果肉加糖，混合均勻至糖漬出水。	包上保鮮膜，放入冰箱中冷藏醃漬一夜。

〔 *Day 2* 〕 熬 煮 裝 瓶

1	*2*	*3*
將冷藏一夜的糖漬果皮果肉放室溫退冰後，置於爐火上加熱熬煮，煮至果漿感覺有黏稠感，煮的時候用木匙把青蘋果壓碎，擠出果膠質。煮至用木匙挖起時果醬滑落速度減緩，且有光澤感。	果漿用過濾網過濾出漿汁。	果泥中挑出星星，放入漿汁中。

1	*5*
趁熱將果醬填入消毒後的玻璃瓶。	旋緊蓋子後將果醬倒放降溫，放涼後就可以享用了。

果醬小幫手

●從果泥中要挑出一顆一顆星星，需要很有耐心唷！可以用小鑷子來夾取，會更加方便。

Chapter

好有成就感的漿果類果醬

莓果是做果醬的首選,最不容易失敗,最容易熬出美味。那麼我們先從莓果類做起,
第一步先提高自信心,在廚房玩得開心很重要啊。

• •

Classic Strawberry Jam

Strawberry Jam with Vanilla

Strawberry Jam with Balsamic Vinegar

Strawberry & Cranberry Jam

Forest wild Berries Jam

Blueberry & Banana Jam

Blueberry Jam with Cream Liqueur

食材

● ●

新鮮草莓　500g

檸檬汁　25g

（約1顆檸檬取汁）

細砂糖　300g

經典草莓

Classic Strawberry Jam

新鮮草莓、檸檬汁與糖，是最簡單也是最受歡迎的果醬口味！每年春天趁著盛產做些草莓果醬，一定要儲蓄幾瓶，那麼往下的日子，都能嘗上一口酸甜滋味，以味覺感受春天的風情。

[*Day 1*]　**糖漬水果**

1

以持續流動的水洗淨新鮮草莓，手勢輕柔洗去果肉上的塵土汙垢。

2

輕輕甩去多餘的水分後，接而小心去除葉梗，若損傷到草莓表面或大力壓傷果肉，草莓很快就會發霉甚至發酵了。

3

將草莓瀝乾後，除去草莓蒂頭，將所有草莓放入鍋中。

● 此時才去蒂頭，是為了不讓水分透過去蒂後的接口滲入裡面，如此更能維持果肉的結實口感與濃郁風味。

4

將新鮮檸檬汁加入鍋中。

5

再將細砂糖加入鍋中。

6

以刮刀小心的充分混合。

7

包上保鮮膜，放進冰箱冷藏一夜。

1

將冷藏一夜的糖漬整顆草莓在室溫下退冰後，置於爐上，以中小火加熱，煮至微微沸騰即可。

2

關火放涼後，包上保鮮膜，放進冰箱冷藏一夜。

【 *Day 3* 】　完成裝瓶

1

將糖漬整顆草莓在室溫下退冰後，用瀝勺撈起草莓。

2

將草莓與草莓糖漿分開。

3

將草莓糖漿以中火煮至沸騰，並且微微濃縮的程度。

4

隨時撈去浮沫，求口感更乾淨無雜質。

5

加入剛剛分開的草莓，以中小火煮至沸騰（103℃以上），即轉小火繼續熬煮。

6

煮至濃縮狀，表面呈光澤感即可關火。

7

然後趁熱裝瓶，在溫度降到85℃前完成。

8

裝瓶後，倒放真空降溫便完成了。

果醬小幫手

● 如果沒有時間做果醬，也可以將草莓清洗去蒂後急速冷凍保存，美味依舊。

● 如果果醬成品過度濃稠！

▸ 可能造成的原因：

1. 果醬熬煮過度，水分過度蒸發散失。
2. 糖放得過多。

▸ 應該如何搶救：

1. 加入適量的酸與開水，繼續熬煮。
2. 加入另一鍋熬製的新果醬續煮。

香草草莓

Strawberry Jam with Vanilla

在草莓中加入珍貴的香草莢，香草籽風味溫暖高貴，讓莓果多了一些香香醇穩重的味道。其實這款果醬不需抹在麵包上，單單品嘗一口，就像品嘗糖果一樣，可以當成是下午疲累工作後的放縱。

食材

新鮮草莓　500g
檸檬汁　25g
細砂糖　300g
香草莢　1/2條

1

將草莓以活水洗淨，以持續流動的水洗淨新鮮草莓，手勢輕柔洗去果肉上的塵土汙垢。

2

輕輕甩去多餘的水分後，接而小心去除葉梗，若損傷到草莓表面或大力壓傷果肉，草莓很快就會發霉甚至發酵了。

3

將草莓瀝乾後，除去草莓蒂頭，將所有草莓放入鍋中。
● 此時才去蒂頭，是為了不讓水分透過去蒂後的接口滲入裡，如此更能維持果肉的結實口感與濃郁風味。

4

將草莓切半或者整顆微微捏碎放入鍋中。

5

將檸檬汁放入鍋中。

6

將細砂糖放入鍋中，以刮刀充分混合，混合至微微出水的狀態。

7

縱向切開香草莢，掀開豆莢，用刀背刮出香草籽。

8

再將香草籽放入草莓鍋充分混合。

果醬小幫手

● 手邊若有薄荷葉，也可以摘取兩葉放入，增加香氣。

● 如果果醬成品過稀！

▶ 可能造成的原因：

1. 水果的水分本身過多。
2. 還沒熬煮到糖的終點溫度就關火起鍋了。
3. 果醬已發酵，喪失果膠而無法凝膠。
4. 水果過熟，大量流失果膠。

▶ 應該如何搶救：

1. 可加入適量的蘋果與檸檬汁、糖續煮至終點溫度。
2. 再煮久一點，讓水分蒸發。
3. 直接將果醬當淋醬使用。

9
包上保鮮膜，放進
冰箱冷藏一夜。

1
將冷藏一夜的糖漬
草莓在室溫下退冰
後，置於爐上，以
中小火加熱，煮至
微微沸騰即可。

2
隨時除去浮沫。
● 撈除表面浮沫即
可，才不會撈去珍貴
的香草籽。

3
關火放涼後，包上
保鮮膜，放進冰箱
冷藏一夜。

[*Day 3*] **完成裝瓶**

1
將糖漬草莓放室溫
退冰後，用瀝勺撈
起草莓。

2
將草莓與草莓糖漿
分開。

3
將草莓糖漿以中小
火煮至沸騰，並且
微微濃縮的程度。

4
撈去浮沫後，隨時
攪拌以防焦底。

5
加入剛剛分開的草
莓。以中小火煮
至沸騰（103℃以
上），即轉小火繼
續熬煮。

6
煮至濃縮狀表面呈
光澤即可關火，然
後趁熱裝瓶，在溫
度降到85℃前完
成。

7
去籽的香草莢也一
起放入增加風味。

8
完成倒放降溫便完
成了。

草 莓 巴 薩 米 克 醋

Strawberry Jam with Balsamic Vinegar

食材

新鮮草莓 500g
檸檬汁 25g
香草糖 350g
巴薩米克醋 3大匙

巴薩米克醋淋上新鮮草莓與瑪斯卡彭起士，再加入幾葉綠薄荷，這完美的甜點是誰做出來的？我一定要向他致敬！這款果醬口味是從貪吃的角度出發的，期待不是草莓的季節也一樣能享用，那麼就來熬一大鍋吧！

⟦ *Day* 1 ⟧　糖漬水果

| 1 | 2 | 3 | 4 | 5 |

1 以持續流動的水洗淨新鮮草莓，手勢輕柔洗去果肉上的塵土汙垢。

2 輕輕甩去多餘的水分後，接而小心去除葉梗。

3 將草莓瀝乾後，除去草莓蒂頭，將所有草莓放入鍋中。

4 將檸檬汁放入鍋中。

5 將香草糖放入鍋中。

| 6 | 7 |

6 以刮刀充分混合。

7 包上保鮮膜，放進冰箱冷藏一夜。

果醬小幫手

● 比起香草籽，其實香草莢更具風味，丟了實在是暴殄天物。如何自己製作香草糖呢？

1. 將刮去香草籽的香草莢放入玻璃罐。
2. 將細砂糖放入玻璃罐。
3. 拿起來稍微搖一搖，讓糖與香草莢均勻混合，放置一天再打開，你會驚喜瓶中濃濃的香草好味道。

⟦ *Day* 2 ⟧　熬煮裝瓶

| 1 | 2 | 3 | 4 | 5 |

1 將冷藏一夜的糖漬草莓在室溫下退冰後，置於爐上，以中小火加熱，煮至微微沸騰，不要大火煮沸，容易流失風味。

2 隨時撈去浮沫，這是讓果醬口味乾淨的關鍵。以中小火煮至沸騰（103℃以上），即轉小火繼續熬煮至濃縮狀。

3 需不時攪拌以防焦底。起鍋前，加入巴薩米克醋。

4 攪拌均勻後即可關火，然後趁熱裝瓶，在溫度降到85℃前完成。

5 裝瓶後，倒放降溫便完成了。

草莓蔓越莓

Strawberry & Cranberry Jam

食材

新鮮草莓　400g
蔓越莓　600g
檸檬汁　50g
細砂糖　650g

> 蔓越莓是所有莓果中果膠含量最豐沛的，以此為底，草莓果醬多了後韻，怎樣煮都能成功，讓人信心大增！這樣的雙莓組合非常非常適合淋在香草冰淇淋上，色澤艷紅討喜，就像將紅寶石收入玻璃瓶中一樣。

1

以持續流動的水洗淨新鮮草莓，手勢輕柔洗去果肉上的塵土汙垢。

2

輕輕甩去多餘的水分後，接而小心去除葉梗，若損傷到草莓表面或大力壓傷果肉，草莓很快就會發霉甚至發酵了。

3

將草莓瀝乾後，除去草莓蒂頭，將所有草莓放入鍋中。
● 此時才去蒂頭，是為了不讓水分透過去蒂後的接口滲入裡面，如此更能維持果肉的結實口感與濃郁風味。

4

將去除蒂頭的草莓切成4等份。

5

將切好的4等份草莓一一放入鍋中。

6

接著，將全部蔓越莓放入鍋中。

7

加入檸檬汁，先攪拌一下，讓檸檬汁均勻浸觸莓果。

8

再倒入細砂糖入鍋。

9

用刮刀小心的充分混合，你會發現很快的莓果開始出水了，請靜置4小時，讓糖充分浸漬入莓果中。
● 這樣能減少熬煮的時間。

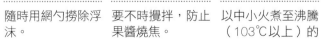

10

置於爐上，以中小火加熱，煮至微微沸騰。

11

隨時用網勺撈除浮沫。

12

要不時攪拌，防止果醬燒焦。

13

以中小火煮至沸騰（103℃以上）的程度之後，馬上轉小火繼續熬煮。

14

煮到表面閃閃發光的濃縮狀，會閃閃發光是因為果膠已充分熬煮釋出也濃縮的緣故。在溫度降到85℃前完成裝瓶。

15

裝瓶後，倒放降溫就大功告成了，等待的時間就來收拾廚房吧！

And on that morning

through the grass
And by the steaming rills
We travelled merrily, to pass
A day among the hills

食材

新鮮草莓 150g
新鮮藍莓 150g
新鮮桑椹 150g
新鮮蔓越莓 150g
冷凍櫻桃 150g
檸檬汁 50g
細砂糖 450g

森林野莓
Forest Wild Berries Jam

很喜歡這名字，極富美麗的畫面。像將森林中蔓生的正熟果實都採摘到眼前了！如果你無法買到配方中所有的莓果，那一點都沒關係！因為所有莓果都能混煮出好滋味。覆盆子是我最愛的莓果，它帶有花香的隱味，加了便是能讓這道果醬愈發美味的關鍵。

【 *Day 1* 】 **糖漬水果**

1
將新鮮草莓、蔓越莓、藍莓以流動的水洗去細塵污垢，同時也撿挑出不良或毀損的果實。

2
小心的去除草莓葉梗，不要傷害到草莓。

3
將草莓瀝乾後，除去蒂頭放入鍋中。

4
將桑椹蒂頭用剪刀剪去。

5
陸續將藍莓、桑椹、蔓越莓、冷凍櫻桃放入鍋中。

6	*7*	*8*	*9*
加入檸檬汁，先攪拌均勻。	再倒入細砂糖。	以刮刀攪拌均勻，直到莓果開始出水。	包上保鮮膜，放進冰箱冷藏一夜。

[*Day 2*] 熬煮裝瓶

1	*2*	*3*
將冷藏一夜的莓果在室溫下退冰後，置於爐上，以中大火加熱，煮至沸騰（103℃以上）。	沸騰後即轉中火續煮，並隨時撈除浮沫。	持續攪拌，防止果醬燒焦。

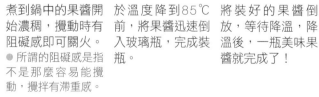

4	*5*	*6*
煮到鍋中的果醬開始濃稠，攪動時有阻礙感即可關火。 ● 所謂的阻礙感是指不是那麼容易能攪動，攪拌有滯重感。	於溫度降到85℃前，將果醬迅速倒入玻璃瓶，完成裝瓶。	將裝好的果醬倒放，等待降溫，降溫後，一瓶美味果醬就完成了！

果醬小幫手

● 為什麼草莓與桑椹都要如此小心翼翼的除去蒂頭？

原因是若處理不當，會讓水分滲進果實中，如此一來反而容易造成水果腐敗，小心處理才能使果醬健康又美味！

藍莓芭娜娜

Blueberry & Banana Jam

藍莓也能用春天短暫出現的桑椹取代，因為這兩種莓果風味相似。這是歐洲的經典口味，藍莓的酸香與香蕉的香甜竟然如此對味，真的讓人好驚喜！其實製作果醬的有趣之處便在此，認識食材，從風味中抓出蛛絲馬跡，再將它們湊成對！

食材

藍莓　250g
檸檬汁　50g
細砂糖　250g
完熟香蕉　300g

[*Day* 1]　**糖漬水果**

1

將藍莓以流動的水
洗淨。

2

撈起，徹底瀝乾。

3

將藍莓放入鍋中。

4

將檸檬汁放入鍋
中，稍微攪拌一
下。

5

再將細砂糖放入鍋
中。

6

以刮刀小心的充分
混合。
● 你也可以稍微捏破
藍莓，這樣將能更快
讓藍莓出水，完成糖
漬。

7

包上保鮮膜，放進
冰箱冷藏一夜。

「*Day 2*」 熬煮裝瓶

1

將冷藏一夜的糖漬藍莓在室溫下退冰後，置於爐上，以中小火加熱。

2

隨時撈除浮沫。

3

請不時攪拌，以防止鍋子焦底。煮至微微沸騰後關火。

4

將香蕉剝皮後，切成0.2公分薄片。
● 不必擔心香蕉氧化變色，因為放入藍莓中根本看不出來。

5

將香蕉薄片加入藍莓果醬中。

6

以中火繼續煮至沸騰（103℃以上）。

7

隨時撈除浮沫，很快就能煮到濃縮的狀態。

8

只要攪動有滯重感，就能裝瓶了。請在溫度降到85℃前完成。

9

將裝好的果醬倒放降溫便完成了。

果醬小幫手

● 裝瓶時，果醬質地若非常濃稠，裝瓶時會形成大大小小的孔隙，這時候我們可以插入筷子，將果醬往下壓，減少氣泡產生，這樣子果醬比較不會壞掉變質。

● 如果開瓶後的果醬生水！

▶ 可能造成的原因：
1. 水果的水分本身過多。
2. 還沒熬煮到糖的終點溫度就關火起鍋了。
3. 糖沒有加到該有的份量。

▶ 應該如何搶救：
若果醬主體是凝膠狀態，以湯匙舀去水分即可。

法式藍莓

Blueberry Jam with Cream Liqueur

這是我最愛的幾種口味之一，小小顆的野生藍莓更具濃郁的莓果風味，讓人驚艷！

如果只是那麼展現一味未免孤單，加入如絲綢般滑順的貝詩禮奶酒，可讓風味昇

華，並洋溢著奶香、可可香，就像有一點姿態的高貴法國夫人。

食材

新鮮藍莓　500g
奶酒　2大匙
細砂糖　300g
檸檬汁　25g

⌈ *Day 1* ⌋　糖漬水果

1

將藍莓以流動的水
洗去細塵污垢。
● 藍莓上的白粉是天
然果粉。

2

藍莓撈起瀝乾後，
一半微微捏碎，一
半保持原狀。

3

將藍莓全數放入鍋
中。

⌈ *Day 2* ⌋　熬煮裝瓶

4

倒入檸檬汁，先初
步攪拌均勻。

5

倒入細砂糖。用刮
刀攪拌均勻，直到
藍莓開始出水。

6

用保鮮膜封好，放
進冰箱冷藏一夜，
徹底糖漬。

1

將冷藏一夜的藍莓
在室溫下退冰後，
置於爐上，以中大
火加熱，煮至沸騰
（103℃以上）。

2

沸騰後，轉中火持
續加熱，並不時攪
拌。

3

記得隨時撈除浮
沫，這樣果醬不只
口感更乾淨，成色
也更美。

4

煮到開始濃縮的程
度，就是當你攪拌
時有滯重感的時候
請轉小火。

5

煮至因為糖漬濃縮
後表面開始發亮
時，倒入奶酒，攪
拌均勻，你會聞到
濃濃奶香酒味。

6

在溫度降到85℃前
裝瓶完成。

7

將裝好的果醬倒放
降溫就可以了。接
著等待好好嘗嘗這
好滋味吧！

〔用果醬做前菜、鹹點、沙拉！〕葡萄柚油醋沙拉

- 搭配果醬—
- **粉紅葡萄柚 P.134**

〔食材〕

油醋醬汁
粉紅葡萄柚果醬 1大匙
米醋 2大匙
橄欖油 100c.c.
黑胡椒粗粒 1小匙
海鹽 1小匙

沙拉菜
黃甜椒 1顆
紅甜椒 1顆
芝麻菜 150g
美生菜 150g
水煮蛋 1顆

【 準備油醋醬汁 】

這是我在奧利佛的《30分鐘上菜》節目中學到的，把握油醋3：1的原則，加入粉紅葡萄柚果醬、接著灑入鹽與胡椒，1分鐘快速完成如大廚會端出的醬汁。

對！就是將所有材料拌勻就完成了！好簡單是不是？你也可以用莓果、柑橘與鳳梨果醬取代粉紅葡萄柚果醬。

【 洗淨沙拉菜 】

將甜椒洗淨後，用餅乾切模挖出可愛的形狀，這個步驟可以讓孩子來，邀請他參與，他會更有成就感。

生菜洗淨後，用沙拉脫水器完全去除水分，這樣生菜表面更能沾附醬汁。

【 組合 】

將生菜與甜椒、切半的水煮蛋一起放入沙拉盆，倒入適量的油醋醬，用乾淨的雙手拌勻就完成了。用雙手比用任何鏟子湯勺來得牢靠，手指的觸覺會讓你更清楚醬汁與沙拉菜的混合程度。

也可以再加些核果與果乾，更富咀嚼趣味，也更營養豐盛。

〔用果醬做前菜、鹹點、沙拉！〕橙香烤肉串

● 搭配果醬─
● 茂谷柑 P.122

〔食材〕

烤肉片
豬肉片（梅花肉）10片
醬油 2大匙
二砂糖 1大匙
米酒 1小匙
蒜末 1大匙
洋蔥末 1大匙
香油 1小匙
黑醋 1小匙
水 2大匙
蔬果配料
葡萄柚 1顆
紅石榴 1顆
生菜 50g
茂谷柑果醬 適量

【 準備烤肉片 】

1 在大碗中混合醬油、香油、米酒、二砂糖、蒜末、黑醋、洋蔥末，放點水攪拌均勻，然後將梅花肉片浸泡在醬汁中，放入冰箱冷藏醃漬約30分鐘，先讓肉入味。

2 接著在平底鍋上倒點植物油或好的奶油（千萬不要放含反式脂肪的乳瑪琳）煎熟，或者直接上烤肉架烤至八分熟。

【 處理水果 】

葡萄柚處理方法可以參考P.135，取出果肉；然後將紅石榴小心剝出一顆顆果實。生菜洗淨後，雙手捧著快速甩去水分。

【 串一串 】

先串上葡萄柚，接著將烤肉片對捲串上，最後串上一葉生菜。然後刷上適量的茂谷柑果醬，灑一些鮮豔的紅石榴看起來更華麗美味。除了茂谷柑果醬，能去油解膩的柑橘類、莓果類果醬以及番石榴果醬都很適合。

中秋節烤肉大會一定要靠它博得眾人崇拜啊！

〔用果醬做前菜、鹹點、沙拉！〕**貴婦人的小豪華拼盤**

- 搭配果醬—
- 阿薩姆紅蘋果 P.173

〔食材〕

法國Bire起士 1塊
無籽青葡萄 1串
蔓越莓果乾 1把
阿薩姆紅蘋果果醬 適量

> 這樣的果醬拼盤除了能以「起士+無籽葡萄+堅果」搭配之外，也可以循著「堅果+法國麵包切片+奶油」這樣的方式品嘗，準備一個美麗的食器裝盛，再邀幾位氣味相投的朋友聚聚，就是非常快意的享用方式了。

【 裝盤 】

1 貴婦人要有錢有閒好享受，所以不需要任何做法的果醬拼盤再適合不過，只消將東西買回來，擺上好看的食器上就行了。

2 請陸續將葡萄、果乾、果醬、起士放入嘴裡，然後一口充分咀嚼享用，你會打從心裡讚嘆這美妙豐富的滋味。

　如果買不到Bire起士，帕馬森（Parmesan）起士也適合；無籽紫葡萄好吃，巨峰葡萄多汁所以不合味。

幸福好食光 ｜ 美味提案 4 ｜

〔用果醬做前菜、鹹點、沙拉！〕印度飯丸子

● 搭配果醬—

● **伯爵蘋果茶 P.168**

〔食材〕

洋蔥末 40g

蒜末 1大匙

黑胡椒粗粒 1小匙

隔夜白飯 400g

薑黃粉 2大匙

小荳蔻粉 1小匙

肉桂粉 1/2小匙

鹽 1小匙

腰果 30g

伯爵蘋果茶果醬 適量

> 溽夏容易食欲不振，加了辛香料的飯丸子冷熱皆宜，好下飯！是很適合給孩子帶便當的主食。

【 炒飯 】

1 在平底鍋上倒入植物油，熱鍋後倒入洋蔥末、蒜末、黑胡椒粗粒爆香，當洋蔥末炒到透明時，表示甜味已經炒出來了。

2 倒入隔夜白飯繼續拌炒，再加入薑黃粉、小荳蔻粉、肉桂粉、鹽，炒至薑黃粉充分上色，飯也軟香，就可以起鍋放涼了。

3 這時候將烤箱以180℃預熱15分鐘後，將腰果放入烤至表面微微金黃就要馬上拿出。

烤腰果要全神貫注，因為只要一轉身一分心就容易燒焦。

【 裝盤 】

將放涼的咖哩飯取適量揉成小小圓圓的飯丸子，然後放上一匙伯爵蘋果茶果醬，再點綴腰果就完成了。

Chapter

有點挑戰性的低果膠果醬

覺得做果醬很有趣了嗎？讓我們進階一些，從本身果膠含量不多的水果學習更多的技巧。
用低果膠水果熬製果醬，就需要我們在課前準備學會的天然果膠來幫忙了；
另外，也可以讓低果膠水果與高果膠果水果結婚，創造好滋味。

• •

Chinese Lantern Plant Jam

Tomato Jam with Plum Power

Grape Jelly

Mango, Pineapple & Passion Fruit Jam

Star Fruit Jam

Guava Jam with Perilla Frutescens

Lime & Tomato Jam

燈籠果

Chinese Lantern Plant Jam

那天到市集的新農友攤位打聲招呼，他們的農作物多元，我邊逛邊認識，燈籠果是新發現，這是老一輩常見的路邊蔓生野果，如今身價看漲。鄉下長大的我可惜錯過了那野果盛產的年代，現在透過果醬，熬它一鍋，有的是機會慢慢回味。

Sending you
a big hug with
lots of love
to say...Thank you!

食材

燈籠果　500g
檸檬汁　25g
細砂糖　300g
天然蘋果膠　100g
（做法參見P.40）

1

剝除萼葉，摘下澄黃的燈籠果。

2

將全數燈籠果放入鍋中。

3

加入檸檬汁混勻。

4

放入細砂糖。

5

攪拌均勻。

6

靜置4小時等待糖漬。

7

將靜漬後的燈籠果，轉置爐上，以中火加熱，煮至沸騰（103℃以上）。沸騰後，轉小火持續加熱，並不時攪拌以防焦底。

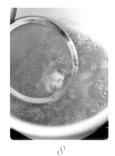

8

隨時撈除浮沫。

9

加入先前做好的天然蘋果果膠，攪拌均勻。

10

持續煮至鍋中的果汁呈現亮感，果實縮小，即可關火。

11

趁熱將煮好的果醬裝入消毒過的玻璃瓶裝罐封蓋。

12

倒放降溫即可。

食材
● ●

新鮮番茄（桃太郎） 200g
新鮮番茄（聖女） 200g
新鮮番茄（金珠） 200g
檸檬汁 50g
細砂糖 350g
天然蘋果膠 100g
（做法參見P.40）
梅粉 1小匙

梅香番茄

Tomato Jam with Plum Power

會滿足全家人胃口的永遠是媽媽，所以廚房總不缺新鮮水果，讓我們隨時拿了享用。小番茄會夾著化應子，大番茄則沾上滿滿的梅子粉，大口咬下，這是我們家吃番茄的方式。

| Day 1 | **糖漬水果**

1

將三種番茄去蒂後，以流動的水洗淨。

2

撈起後，在每顆番茄上一一劃十字。

3

煮好一鍋沸水，放入番茄，汆燙約10秒起鍋。

4

汆燙後撈起，馬上放入冷水中降溫。

5

因為熱脹冷縮的關係，果皮會緊縮，所以相當輕易去皮。

6
將番茄切成1公分
大小的果丁。

7
將果丁放入鍋中，
加入檸檬汁，先初
步攪拌一下。

8
再將細砂糖放入鍋
中。

果醬小幫手

●化應子：將李子初步糖
漬軟化之後除去果核，
接著將李子碾壓扁平，
日曬過醃漬半年的蜜
餞，一般攤販販賣的小
番茄夾蜜餞，這蜜餞就
是化應子。

9
徹底攪拌均勻到番
茄出水。

10
用保鮮膜封好，放
進冰箱冷藏一夜。

【 *Day 2* 】 熬煮裝瓶

1
將冷藏一夜的糖
漬番茄放室溫退
冰後，置於爐上，
以中大火加熱，煮
至沸騰（103℃以
上）。

2
沸騰後轉小火持續
加熱，並不時攪拌
以防焦底。隨時撈
除浮沫。

3
當鍋內開始濃縮，
加入天然蘋果果
膠。

4
持續煮至果醬有厚稠感，灑入梅子粉，
並攪拌均勻。

5
在溫度降到85℃前
趕緊趁熱裝瓶。

6
倒放降溫後就可以
品嘗了。

葡萄果凝

Grape Jelly

曾經一口氣做了百來斤的葡萄果醬，冷天裡一顆一顆剪下洗淨剝皮去籽，手指幾乎失去知覺了，我知道這樣細心處理後，果醬會回報你驚人的美味，閃耀著紫色光澤的果凝如晶凍，是好精緻的甜點。

食材

新鮮葡萄　1000g
檸檬汁　50g
細砂糖　450g
天然蘋果膠　100g
（做法參見P.40）

1

將 葡 萄 保 留 蒂 頭
一一剪開。
● 這很麻煩，但告訴
自己有耐心就有美味
回饋！

2

將剪下的葡萄以流
動的水徹底洗淨。
好葡萄會有果粉，
這就不用洗掉了。

3

洗淨後放入沸水中
汆燙約10秒，這會
讓你輕鬆剝皮。

4

撈起後馬上浸入冷
水。

5

葡萄涼了後，一一
剝除果皮。

6

對半切開葡萄，再分離果肉與籽。
● 我知道到這個程度已經很累了，但告訴自
己有耐心就有美味回報！（變成一句咒語）

7

將葡萄皮切細碎。
● 這是葡萄果醬美味
的關鍵！

8

將果肉放入鍋中。

9

加入切至細碎的葡
萄果皮。

10

將葡萄籽裝入茶袋
放鍋中。
● 葡萄籽可釋放果膠
幫助果醬凝結。

11

加入檸檬汁。

12

最後倒入細砂糖。

13

將其攪拌均勻。

14

攪拌後,靜置4小
時,讓葡萄充分糖
漬。

15

糖漬後,以中大火
煮至沸騰(103℃
以上)。

16

沸騰後,轉小火持
續加熱,並不時攪
拌以防果醬焦底。

17

隨時撈除浮沫。

18

加入先前做好的天
然蘋果果膠。

19

持續煮至果醬有厚
稠感,就可以關火
了,最後將葡萄籽
茶袋拿起。

20

在溫度降到85℃前
趕緊趁熱裝瓶。

21

倒放降溫後就可以
品嚐了。

熱 帶 水 果

Mango, Pineapple & Passion Fruit Jam

{ 端午一過溽夏方至，夏季水果一個接一個盛產上市，叫人應接不暇，芒果、鳳梨、百香果，如豔陽黃澄澄一片，單獨熬製，或者全納入一鍋都好對味。 }

愛文芒果　500g
金鑽鳳梨　300g
百香果　100g
檸檬汁　50g
細砂糖　500g

【 *Day 1* 】

糖漬水果

1

將芒果以流動的水洗淨。

2

將芒果削皮去籽。

3	*4*	*5*	*6*	*7*
將果肉切粗丁。	將鳳梨去皮後磨成粗末。	果芯富含酵素，一起切碎末。	將芒果丁、鳳梨粗末、百香果放入鍋中。	加入檸檬汁，稍微攪拌一下。

【 *Day 2* 】 **第一次煮沸**

8	*9*	*10*	*1*	*2*
倒入細砂糖。	充分攪拌均勻，徹底糖漬水果。	用保鮮膜封好，放進冰箱冷藏一夜。	將冷藏一夜的糖漬水果放室溫退冰後，轉置爐上，以中火加熱，煮至沸騰（103℃以上）。沸騰後轉小火持續加熱，並不時攪拌以防焦底。	隨時撈除浮沫，沸騰後關火，放涼後放進冰箱冷藏。

【 *Day 3* 】 **熬煮裝瓶**

1	*2*	*3*	*4*	*5*
將果醬鍋取出後放在室溫下退冰，放於爐上，轉中大火煮至沸騰。	隨時撈除浮沫，並不時攪拌，防止鍋底燒焦。	持續煮至果醬有厚稠感，大約是鳳梨粗末顏色變深且呈透明感，即可關火。	趁熱將煮好的果醬裝入消毒過的玻璃瓶裝罐封蓋。	倒放降溫即可。

沖繩派楊桃星星

Star Fruit Jam

食材
新鮮楊桃 600g
楊桃醋 50g
細砂糖 300g
黑糖 50g

雖然楊桃有個美麗的英文名字「Star fruit」，仍不得我緣。很多
水果生食與加工後的滋味大相逕庭，它便是如此，加了黑糖後的
風味完全出乎我意料，一股細膩的梅香隱味，沖泡綠茶好適合，
於是我多加了些糖，將它視為茶果醬，隨時沖泡一杯黑糖楊桃綠
茶，想像我在沖繩海岸度假。

【 Day 1 】

糖漬水果

1

將楊桃以活水洗
淨。

2

撈起瀝乾，將楊桃
除去邊條。

3

將果肉切成一段一段。

4

一半切成1立方公分大小的果丁，一半打成果泥。

將楊桃果丁與果泥放入鍋中。

5

倒入楊桃醋，先稍微攪拌一下。

6

Day 2　熬煮裝瓶

7

將細砂糖放入鍋中。

8

用刮刀徹底攪拌均勻至水果出水。

9

保鮮膜封好，放進冰箱冷藏一夜。

1

將冷藏一夜的糖漬楊桃在室溫下退冰後，置於爐上，以中大火加熱，煮至沸騰（103℃以上）。沸騰後轉小火持續加熱，並不時攪拌以防焦底。

2

隨時撈除浮沫。

3

當楊桃開始軟熟，用刮刀可以輕易切斷的程度，就加入黑糖，並馬上攪拌均勻。

4

持續將楊桃果肉煮出透明感，即可關火。

5

趁熱起鍋，將果醬倒入消毒過的玻璃瓶，隨即封蓋。

6

將果醬倒放降溫即可。

食材

新鮮番石榴　650g（淨重）
青蘋果　150g
檸檬汁　30g
細砂糖　300g
紫蘇葉　2葉

紫蘇番石榴

Guava Jam with Perilla Frutescens

這口味的誕生，來自一回到友人家拜訪，她打了番石榴果汁，再灑上婆婆做的紫蘇粉，好喝得讓大夥兒不斷續杯，於是希望用果醬留下這組合搭配。其實很多果醬的口味發想來源都是這麼尋常，卻又像紀念一樣，每嘗一口果醬，就想起那天下午大家的歡樂暢談。

〔 *Day 1* 〕　糖漬水果

1

將番石榴、青蘋果以流動的水洗淨，軟香的番石榴很容易壓傷果肉，要小心清洗。

2

將番石榴切半後，用湯匙挖出果籽。

3

將番石榴果肉切成1立方公分左右的果丁。

4

將蘋果去皮去核後，切成銀杏片。

5

將番石榴果丁與蘋果片放入鍋中。

6

加入檸檬汁，先稍微攪拌一下。

7

再倒入糖。

8

徹底攪拌均勻，確保番石榴與蘋果都能充分浸漬到糖與檸檬汁。

9

用保鮮膜封好，放進冰箱冷藏一夜。

1

將新鮮的紫蘇葉洗淨後切成細碎。

2

拿出冷藏一夜的糖漬番石榴蘋果，在室溫下退冰後，加入切好的紫蘇碎末，再轉置爐上，以中大火加熱，煮至沸騰（103℃以上）。

3

沸騰後，轉小火持續加熱，並不時攪拌以防焦底，番石榴是非常容易燒焦的水果，一定要小心看顧。

4

隨時撈除浮沫。

5

煮至攪拌產生滯重感，就是差不多接近關火的程度了。當鍋中的果醬有厚稠感就可以關火。

6

在溫度降到85℃前趕緊趁熱裝瓶。

7

將裝好的果醬倒放，等待降溫後瓶內成真空狀態，就大功告成了！
● 紫蘇會隨著熬煮時間逐漸將芭樂染色，即便裝瓶後顏色也會隨著時間變深。

果醬小幫手

● 淨重的意思是指水果去籽切丁後的重量。

● 還沒開瓶的果醬，瓶蓋卻鼓起了！？那是果醬發酵了，開瓶後會聞到強烈的酸味。

▶ 可能造成的原因：

1. 玻璃瓶與瓶蓋未消毒乾淨，讓微生物或細菌侵入導致變質。
2. 糖放的不夠，影響保存條件。
3. 酸放得不夠，無法達到適當的酸鹼質。
4. 水果過熟，果膠大幅減少，影響凝膠；且水果接近發酵邊緣。

▶ 應該如何搶救：

1. 若輕微發酵，果味仍在，則撈除氣泡，加入適量酒精熬煮消毒。
2. 若發酵嚴重，果醬劇烈冒泡生水，聞來有臭酸味，直接丟棄，請勿食用。

綠檸檬番茄

Lime & Tomato Jam

很經典的法式口味，如果可以，請一定要挑選完全不成熟、很生的綠番茄，那無論色澤、風味才更道地。這款果醬總讓我想起《油炸綠番茄》這部經典電影，其實毫無關聯，不過就是一個觸發。

食材

• • •

黑柿番茄 500g
綠檸檬 300g
細砂糖 400g
肉桂粉 2g
薑粉 3g

〔 _Day_ 1 〕 糖漬水果

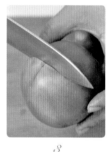

_1_

將黑柿番茄、綠檸
檬以持續流動的水
洗淨。

_2_

先沿著綠檸檬果形去皮，挖取出果肉後去籽。剩下的果核先
留著不用丟。

● 果膜含有大量果膠，加入能增添黏稠度。

_3_

在黑柿番茄的底部
劃一道十字。

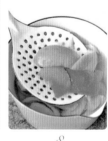

_4_

煮一鍋水，在水沸
騰後將綠檸檬果皮
與番茄輕輕放入。

_5_

黑柿番茄大約汆燙
10秒後就可以起鍋
了，接著立即放入
冷水中降溫，因為
熱脹冷縮的原理，
番茄果皮遇冷後會
緊縮，很方便去
皮。

_6_

將降溫後的番茄去
皮。

_7_

再將去皮的番茄切
成1公分左右的果
丁。

_8_

將綠檸檬皮的白色
部分煮至微微透明
狀，而綠色果皮呈
抹茶色後，撈起放
進冷水降溫。

9

10

11

將綠檸檬果皮斜切去掉白色果皮後，切細絲。

● 處理檸檬很繁瑣，但邊切邊四溢的檸檬香會讓你感到值得的。

在大碗中放入番茄果丁、檸檬果肉、檸檬果皮絲與檸檬果膜。

最後倒入細砂糖，務必攪拌到均勻出水的程度喔。

[*Day 2*]　**熬煮裝瓶**

12

1

2

3

4

攪拌均勻後，封上保鮮膜，放入冰箱冷藏一夜。

將冷藏一夜的番茄檸檬在室溫下退冰後，轉置爐上，以中大火加熱，煮到沸騰。

沸騰後（103℃以上），隨即轉中火續煮，並且隨時撈除浮沫。

持續緩緩攪拌，以防止果醬鍋焦底。

煮到鍋中果醬開始顯現濃稠感，你會看到番茄果丁呈透明，也感到攪拌有滯重感，取出白色果膜。

5

6

7

起鍋前，灑入肉桂粉與薑粉，攪拌均勻。

在溫度降到85℃前趁熱裝瓶。

完成裝瓶後，倒放降溫就可以了。

果醬小幫手

● **薑粉也可以自己做！**

取一小塊的薑（老薑風味更棒），以刀背拍碎後再磨至細碎狀。用不完裝入保鮮盒冷凍保存，要用的時候再取適量解凍就可以了。

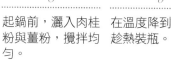

〔一定要的，用果醬做甜點！〕**玫瑰巧克力小塔**

● 搭配果醬一

● **玫瑰巧克力抹醬 P.160**

〔食材〕

玫瑰巧克力抹醬　1瓶
（約140g）
現成迷你塔皮　5個
三色堇　數朵

【 烤塔皮 】

買來現成的冷凍迷你塔皮，將烤箱180℃預熱15分鐘後，放入塔皮，烤15分鐘取出放冷。因為是迷你塔皮，所以烤的時間不用拉太長。塔皮烤好了，放涼。

如果可以自己揉塔皮當然是最棒的了！但，先不要將廚房搞得太繁複，那會讓你喪失很多快樂的期待。

【 組合 】

挖取約2大匙的玫瑰巧克力抹醬填入塔皮，再裝飾一朵新鮮的三色堇就可以了。如果是自己栽種的安全三色堇或香堇菜，那就可以一起吃了。食花下肚，很浪漫。

幸福好食光 ｜ 美味提案 6 ｜

〔一定要的，用果醬做甜點！〕**草莓鮮奶油杯子蛋糕**

● 搭配果醬—

● **香草草莓 P.77**

〔食材〕

草莓鮮奶油
香草草莓果醬　50g
鮮奶油　200g
細砂糖　30g
蛋糕
現成的杯子蛋糕　10個
裝飾糖果　1包
新鮮藍莓　適量
新鮮薄荷葉　適量

【 打發鮮奶油才是重點 】

1 我們要學習的是用果醬打出超厲害的風味鮮奶油。準備一大盆冰塊，接著將鮮奶油與細砂糖倒入小碗攪拌均勻後，放上冰塊盆冰鎮。

2 用電動攪拌機打發鮮奶油，先轉低速將空氣帶入會更成功；稍微打發後，加入香草草莓果醬繼續攪拌，這時可以轉中速，直到鮮奶油尾端挺立就可以了。

3 加了細砂糖與果醬（含糖）更能幫助鮮奶油打發，天氣熱，鮮奶油很容易因為高溫一下就軟化塌陷了，所以要注意溫度。

　用植物性鮮奶油會很有成就感，因為它一下就會膨脹挺立，只是它是人工成分，我總是少用為宜。

【 組合 】

用抹刀將鮮奶油抹上杯子蛋糕，成一個小山丘狀之外，點綴糖果、新鮮藍莓與薄荷葉。

〔一定要的，用果醬做甜點！〕巴薩米克草莓杯

- 搭配果醬—
- **經典草莓 P.75**

〔食材〕

瑪斯卡彭（Mascarpone）起士
1盒
經典草莓果醬　適量
巴薩米克醋　1瓶
新鮮綠薄荷　適量

> 曾經做了這甜點給熬夜工作的莎拉與
> Sandrine吃，小小一杯，她們感動得瞬
> 間精神滿滿，好有力氣再奮鬥。

【 組合 】

1 瑪斯卡彭（Mascarpone）起士是提拉米蘇的靈魂，口感濕潤細緻，甜中帶些微酸，搭配經典草莓果
醬成一道簡單美味的甜點。

2 先挖2大匙起士，淋1大匙的草莓果醬，再淋1大匙的巴薩米克醋，最後放上一心二葉的新鮮薄荷葉
提味。

之所以起士與醋都寫一盒與一瓶，是因為到超市買一定是這樣的份量，但這款甜點不需要拘泥標準
份量，要酸一些多加醋，要甜一些果醬可以慷慨地放，隨心所欲不用擔心出錯。

幸福好食光〔 美味提案 8 〕

〔一定要的，用果醬做甜點！〕印度米布丁

● 搭配果醬―
● **藍莓芭娜娜 P.87**

〔食材〕

香草莢 1/2根
牛奶 400g
鮮奶油 100g
米 80g
細砂糖 40g
海鹽 1撮
藍莓芭娜娜果醬 適量
金平糖 適量
新鮮薄荷葉 適量

感謝好友慢食堂Slow提供的米布丁食譜，吃過一回發覺它與果醬無比對味，米布丁的濃純香適合讓莓果類果醬發揮它的酸香。希望Slow繼續做出美味料理與大家分享。

【 做米布丁 】

1 開始做吧！刮開香草莢，取出香草籽之後，和牛奶、鮮奶油、洗淨的米攪拌均勻，放入電鍋，外鍋放一杯水，按下加熱鍵。

2 電鍋跳起到保溫鍵後，加入糖、海鹽攪拌後，外鍋放2/3杯水，再按一次加熱鍵。

3 等電鍋再跳起到保溫鍵，請再耐心等待30分鐘，讓米飯再燜軟一些，然後取出放涼後進冰箱冷藏。

【 組合 】

1 隔天，從冰箱拿出米布丁，分裝到小碗，然後舀上一匙藍莓芭娜娜果醬，放一顆金平糖與一葉新鮮薄荷。
　金平糖非必要，只是點綴起來很可愛，你也可以用水果軟糖或切碎的嗨啾軟糖。

{ 考驗刀工的柑橘類果醬 }

好！深呼吸！現在來到讓我又愛又恨的柑橘類果醬了！
在這章節，你能學到處理水果的刀工手法，更能鍛鍊出絕佳耐心。
我最愛柑橘類果醬，因為它嘗來風味豐沛明亮，如酒一般愈陳愈香，也是這滋味讓我甘之如飴。

● ●

Honey Murcott Marmalade

Orange & Carrot Marmalade

Kumquat Marmalade

Orange Conpote

Navel Orange Marmalade with Mint

Lemon Marmalade with Vanilla

Grapefruit Marmalade

食材
● ●

茂谷柑　1000g
檸檬汁　50g
細砂糖　500g
黑糖　50g

茂谷柑

Honey Murcott Marmalade

> 茂谷柑果肉結實，果皮軟薄不大苦澀，做成果醬再合適
> 不過。如同它的英文名「Honey Murcott」，果真可嘗出
> 甜甜蜜香，你還可以在起鍋前加些蜂蜜，突顯這香氣。
> 偏執的我做好食光的「橙花茂谷柑」是一顆顆仔細去除
> 果籽、果核，得出的果醬風味更乾淨明朗，當然也得付
> 出更多時間心力，進階版可以用這種做法試試。

[*Day 1*]　　**處理水果**　　　　**第一次處理**　　　**第二次處理**

1

以活水洗淨茂谷柑及檸檬。

2

用刷子將果皮表面稍微刷洗。

3

將茂谷柑放入鍋中注滿水，煮到沸騰，洗淨降溫。

4

再注滿水，煮至沸騰之後就關火。倒掉熱水，放入冷水或冰水中降溫。

5

將茂谷柑橫切成12等份，大小不一致也沒關係，這個步驟只是要將柑橘切小，方便放進果汁機打成泥。

6

仔細地一一去籽。

7

將茂谷柑果丁放入果汁機後打成果泥。

8

將茂谷柑果泥放入鍋中。

9

加入檸檬汁，稍微攪拌一下。

10

最後倒入細砂糖、黑糖。

11

以刮刀充分混合，讓果泥與糖、檸檬汁充分混合糖漬。

12

用保鮮膜封好，放入冰箱冷藏一夜。

「*Day 2*」 熬煮裝瓶

1

將冷藏一夜的糖漬茂谷柑在室溫下退冰後，移到爐上，開中大火煮到沸騰，沸騰後，轉中火繼續熬煮。

2

隨時攪拌，以防止果醬在鍋底燒焦。當鍋內開始微微濃縮後，請轉小火繼續熬煮。

3

煮至鍋內濃縮，攪拌時有滯重感，表面透漏出光澤就可以起鍋了。

4

將果醬填入消毒後的玻璃瓶。

5

旋緊蓋子之後，將果醬倒放降溫，放涼之後就可以享用了。

果醬小幫手

● 這些柑橘水可以收集起來擦木桌拖地，會帶給室內很棒的柑橘清香。

● 果醬也需要熟成的，通常放個幾天，香氣口感都會更成熟。

● 果醬如果燒焦了！

▶ 可能造成的原因：

1. 你分心了！
2. 你只攪動上層，沒有確實徹底攪動。這樣的焦化反應無法回復，只能盡快搶救，焦味來得快而且纏人，能毀掉一天辛苦。

▶ 應該如何搶救：

快速換鍋，盡量不要攪動焦掉的部分，免得讓焦味傳出蔓延整鍋。

紅蘿蔔香橙

Orange & Carrot Marmalade

這是嘗了會讓人驚艷的蔬果醬，紅蘿蔔的甜味與橙十分契合，是孩子無法抗拒的好吃果醬，明亮的橘紅色澤洋溢著讓人開心的力量。從食物中除了能獲得生命的養分，也滋養了心靈的匱乏。還有什麼蔬菜能入果醬呢？逛逛市集，與農人聊聊，他們會給你很棒的答案。

食材

紅蘿蔔　250g
柳橙　430g
金桔汁　25g
（約5顆金桔取汁）
細砂糖　250g
麥芽糖　100g

1

將紅蘿蔔、柳橙以
活水洗淨。

2

紅蘿蔔削去外皮後切塊狀。

3

將蘿蔔塊放入果汁
機或均質機打成泥
備用。
● 過程中可以加適量
的水。

4

沿著柳橙的果形慢
慢去皮。

5

用刀刃沿著果肉與果膜間，片取出果
肉。仔細除去果肉中的籽。

6

將紅蘿蔔泥與柳橙
果肉一起放入調理
盆。

處理果皮

7

將柳橙皮加入冷水
煮沸。
● 從冷水開始煮，可
徹底軟化果皮。

8

倒掉熱水後，以冷水洗過降溫，再注入冷水煮沸一次。
● 至少重複2次喔！

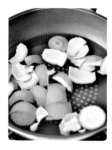

9

橫切去除白色內
皮，也可以不要去
除，因為已經煮沸
2次了。

| *10* | | *11* | *12* | *13* |

將果皮先切成細條,再切成小丁。

將果丁加入剛剛放了果肉與紅蘿蔔泥的調理盆。

加入金桔汁,稍微攪拌一下。

將細砂糖與麥芽糖放入鍋中。

〔 *Day 2* 〕 熬煮裝瓶

| *14* | *15* | *1* | *2* | *3* |

以刮刀充分混合,開始糖漬作用。

用保鮮膜封好,放入冰箱冷藏一夜。

將冷藏一夜的糖漬水果在室溫下退冰後,轉置爐上,以中大火加熱。

加熱到沸騰,並隨時撈去浮沫。

記得要不時的攪拌以防果醬在鍋底燒底。

| *4* | *5* | *6* |

沸騰後轉中小火繼續熬煮,熬煮濃縮一些(約再30分鐘),可以看到果醬的表面呈光澤感,用木匙挖起,果醬滑落有黏滯感就可以裝瓶了。

趁熱快將果醬倒進消毒過的玻璃瓶。

封蓋倒放降溫便完成了,很好吃的口味呢!快嚐嚐!

糖漬香橙圈圈

Orange Conpote

這是以糖漬水果的角度出發的，將橙片填入瓶內，成了可保存長久的甜點，品嘗多元。可以佐黑咖啡、茶酒，裝飾蛋糕，或者忙碌時，放一片在工作桌上，一口一口節制地吃，橙香醒腦，也可慰藉你疲憊的心靈。

食材

●　●

晚崙西亞香丁　1000g

檸檬汁　100g

細砂糖　600g

[*Day 1*]　糖漬水果

1

洗淨晚崙西亞香丁與綠檸檬，撈起瀝乾。

2

將香丁放入鍋中，注滿水，煮到沸騰。

第一次去苦味

3

沸騰後倒掉水，將香丁稍微洗淨同時降溫。

4

再注滿水，煮至沸騰。

第二次去苦味

5

倒掉水後，再洗淨降溫一次。

6

將香丁切成約0.4公分的香丁片。

7

切好之後仔細去籽。

8

將香丁片放入調理盒，加入檸檬汁，稍微攪拌一下。

9

再倒入細砂糖。以刮刀攪拌混合，讓香丁充分被糖漬。

10

封上保鮮膜，放入冰箱冷藏一夜。

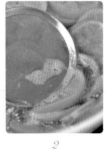

1	*2*	*3*	*4*
將冷藏一夜的糖漬香丁片在室溫下退冰後，移到爐火，上開中火加熱。	用網勺撈去浮沫與雜質。	記得不時攪拌，以防止果醬在鍋底燒焦。	當香丁片呈現微微透明狀，且開始收汁後，轉小火繼續慢慢熬煮。

5	*6*	*7*
煮到汁液濃縮，果皮有透明感，表面顯現光澤就可以裝瓶了。	將香丁片一一放入消毒後的玻璃瓶裡，用筷子夾取鋪在瓶子周圍，很漂亮。	將裝好的果醬倒放降溫便完成了！

果醬小幫手

●柑橘類水果富含果膠，果膠藏在果籽、果囊與白色果皮內，若想萃取果膠，可以將果籽、果囊收集起來，放入茶袋後，入果醬鍋跟著慢熬，讓果膠慢慢析出，幫助果醬更濃稠。

綠薄荷臍橙

Navel Orange Marmalade with Mint

隨著四季養幾盆香草，它能觸發你對風味的想像。我簡直對新鮮綠薄荷上癮了！做甜點要裝飾，沖紅茶要加幾葉，連做果醬也要動它腦筋。養在廚房後的一盆綠薄荷，因為伸港強勁的東北季風吹襲，一直長得很辛苦，沒料到葉子小小的，裝飾甜點更出色，而葉片濃縮了豐富滋味，很適合柑橘果醬。

食材

臍橙或柑橘　500g
檸檬汁　50g
細砂糖　200g
麥芽糖　100g
新鮮薄荷　3枝

1

以活水洗淨臍橙與檸檬。

2

再用鋼刷輕輕刷洗果皮，為的是破壞表面精油果囊，釋放橙香。

3

將臍橙倒入鍋中注滿水。

4

以大火煮至沸騰後關火，倒掉水。

第二次處理

5

以冷水降溫後，再重新注入水，以中火大煮至沸騰。

6

沸騰後撈起，用冷水降溫放涼。

7

將臍橙切成不規則塊狀。
● 去除果丁內的籽。
● 之後要打成泥，不用拘泥大小。

8

將果丁倒入果汁機打至細碎。

9

將臍橙碎倒入鍋中。

10

加入檸檬汁，稍微攪拌一下。

11

將細砂糖、麥芽糖倒入不銹鋼鍋，以刮刀徹底攪拌均勻。

12

將新鮮的綠薄荷切細碎，倒入鍋中。

13

以刮刀再次充分混合。

14

包上保鮮膜，放進冰箱冷藏一夜。

[*Day 2*] **熬煮裝瓶**

1

將冷藏一夜的糖漬臍橙在室溫下退冰後，置於爐上，以中火加熱。

2

撈去浮沫，隨時攪拌以防焦底。

3

開始微微濃縮後，轉中小火繼續熬煮。

4

煮至濃縮，且表面成光澤感，即可裝瓶。

5

倒放降溫便完成了。

粉紅葡萄柚

Grapefruit Marmalade

食材

葡萄柚　500g
細砂糖　250g
麥芽糖　50g
檸檬汁　25g
紅石榴汁　2大匙
天然蘋果膠　100g
（做法參見P.40）

果肉

1

洗淨葡萄柚與綠檸檬。

2

用鋼刷輕刷果皮，破壞表面的精油果囊，釋放柚香。

3

讓刀刃沿著果肉切下果皮。

4

沿著果膜一一片出果肉。

5

仔細去除果肉內的籽。

果皮

6

將片好的果肉放入不銹鋼鍋備用。

7

將果皮放入鍋中注入冷水煮沸。

8

倒掉熱水，再注滿一鍋新水第二次煮沸。

9

煮沸後倒掉熱水，再注滿一鍋新水煮沸。最少需要3次，才能降低葡萄柚皮的苦澀味。

靜置糖漬

10

倒掉熱水後，以冷水漂洗果皮並降溫。

11

去除白色內皮，這是苦味來源，但也是果膠含量最多的部分，如果你不怕吃苦，可以留下一些幫助凝膠。

12

將除去白色內皮的果皮切成絲。

13

將果肉及切好的果皮絲放入調理盆。加入檸檬汁，稍微攪拌一下。

14

再將細砂糖與麥芽糖加入盆中。

15

用刮刀充分混合，
直到出水。

16

包上保鮮膜，放入
冰箱冷藏一夜。

1

將冷藏一夜的糖漬
葡萄柚放室溫退冰
後，置於爐上，以
中火加熱。

2

加入先前做好的天
然蘋果膠，並攪拌
均勻。

3

注意要隨時撈去浮
沫澀汁，讓口感更
清晰單純。

4

不時的攪拌以防果
醬焦底，攪拌看似
單調，卻也是練習
觀察的機會。

5

煮沸後轉中小火繼
續熬煮，觀察它開
始慢慢濃縮。

6

煮至鍋內的果漿開
始產生黏稠感，用
木匙挖起果醬，觀
察果醬滑落的速度
漸緩，且果醬呈光
澤感，便可起鍋。

7

起鍋前加入2大匙
紅石榴汁攪拌均
勻。
● 加入紅石榴汁是為
了增添美麗的紅色。

8

在溫度降至85℃前
將果醬裝入消毒過
的玻璃瓶。

9

倒放降溫終於完成
啦！好辛苦對吧！
這樣做過一次，就
知道你口裡的葡萄
柚果醬是多麼珍貴
了！

果醬小幫手

● 葡萄柚無論殺菁去苦幾次，它獨有的苦味還是
依舊存在，但這就是葡萄柚的果味特色，帶點苦
的芳香，在口腔中反而散發出耐人尋味的滋味。

● 疑惑水的耗費嗎？其實不會，這些煮沸的柑橘
水，以及洗淨的柑橘水，可以收集起來擦桌或拖
地，能帶給室內很棒的柑橘清香，不妨試試吧！

● 如果果醬成品色澤過深！

▶ 可能造成的原因：

1. 已經褐變！熬煮時間過長，風味略也影響。
2. 長時間高溫熬煮果醬導致。

▶ 應該如何搶救：

1. 可加入果色明亮的水果續煮改善色澤。
2. 適合做為茶飲的調味。

香草黃檸檬

Lemon Marmalade with Vanilla

非常法式血統的風味，我愛黃檸檬含蓄的香氣，與濃烈直接的綠檸檬截然不同。這樣的黃檸檬很適合與香草結婚，做成的果醬我當賞給自己的糖果，想到便打開冰箱挖一小匙珍惜著吃，香草與黃檸檬香在嘴裡散發，我可以幻想自己身處巴黎。

食材

黃檸檬 600g
青蘋果 300g
細砂糖 500g
香草莢 1/2條

1

洗淨黃檸檬與蘋果。

● 我這兒用的是台灣的無毒在機黃檸檬，如果是用進口的黃檸檬，我會浸泡溫熱水，再將表面的臘盡量刷洗乾淨。

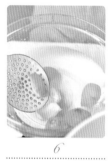

2

撈起瀝乾。將黃檸檬去頭去尾後，沿著黃檸檬的果形切下果皮。

3

沿著果肉與果膜間，片出果肉。

第一次去苦味

4

接著仔細去除果肉內的籽。

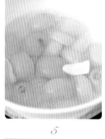

5

將黃檸檬皮加入冷水煮沸。

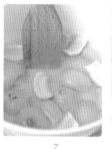

6

倒掉熱水後，以冷水洗過降溫。

第二次去苦味

7

再注入冷水煮沸一次。

8

煮滾後倒掉，再注入冷水降溫。

第三次去苦味

9

煮沸後倒掉瀝乾，因為檸檬皮苦，至少需要殺菁三次，才能除去苦味。

10

斜切掉白色內皮。

11

將黃檸檬皮切成長細條絲。

12

接著來處理蘋果吧！將蘋果削皮去核後，切成銀杏片。

13

將檸檬果肉與果皮和蘋果片放入鍋中。

● 因為是檸檬果醬，所以就不用再添加檸檬汁了。

_14_

倒入細砂糖。

_15_

以木匙充分混合，完整糖漬出水。

_16_

用保鮮膜封好，放入冰箱冷藏一夜。

_1_

將冷藏一夜的糖漬檸檬在室溫下退冰後，移到爐上，開中大火加熱，沸騰後，轉中小火持續加熱。

_2_

不時用網勺除去浮沫與雜質。

_3_

也要隨時攪拌防止果醬在鍋底燒焦。

_4_

切開香草莢，取出香草籽，將香草籽與香草莢一起放入鍋內。

_5_

以木匙充分混合好。

_6_

鍋中的果汁開始微微濃縮後轉小火繼續熬煮。

_7_

煮至濃縮，果皮有透明感，蘋果片也都透明了！表面成光澤感就可以起鍋了！

_8_

將果醬填入消毒後的玻璃瓶。

_9_

旋緊蓋子之後，將果醬倒放降溫，放涼之後就可以享用了！
● 果醬也需要熟成的，通常放個幾天，香氣口感都會更成熟。

果醬小幫手

● 在欉黃檸檬是指在枝頭上長至全熟轉黃的檸檬。也就是說指全熟才採收的檸檬。

● 其實在台灣的我們積非成是之下，將檸檬與萊姆交換身分了！我們習以為常的綠檸檬是萊姆（Lime），以為進口貨的黃色萊姆其實才叫做檸檬（Lemon）。

［一定要的，用果醬做甜點！］玫瑰甜桃小皇冠

- 搭配果醬－
- **玫瑰甜桃 P.155**

〔食材〕

鬆餅糊
無鹽奶油 40g
細砂糖 30g
鬆餅粉 80g
蛋 1顆
玫瑰甜桃果醬 40g
裝飾
防潮糖粉 適量
新鮮水果（奇異莓、草莓、藍莓） 適量

【 做鬆餅糊 】

1 在大碗中放入常溫放涼的無鹽奶油、細砂糖，稍微混合後，用電動攪拌器打到整體都呈現白色。
2 將蛋打散後，加入鬆餅粉，徹底攪拌均勻。
3 將變白的奶油砂糖、鬆餅粉蛋糕、玫瑰甜桃果醬混合再攪拌均勻。

【 烘烤 】

先將烤箱開180℃加熱15分鐘，將鬆餅糊用湯匙舀起，均勻填入皇冠模型中，然後放入烤箱烤25分鐘。烤好後放涼。

【 裝飾 】

可以灑上防潮糖粉，再裝飾藍莓、草莓、奇異莓，這可愛的綠寶石是在進口超市買到的，迷你版的奇異果，裝飾起來多可愛！

幸福好食光 〔 美味提案 10 〕

〔一定要的，用果醬做甜點！〕英式香檸司康

- 搭配果醬－
- **森林野莓** P.85

〔食材〕

可康麵糰
葡萄乾 50g
蘭姆酒 適量
低筋麵粉 250g
泡打粉 1大匙
蛋 1顆
牛奶 60g
無鹽奶油 60g
細砂糖 40g
香草黃檸檬果醬 70g
牛奶蛋液
蛋 1顆
牛奶 50g

【 揉麵糰 】

1 前一夜，先將葡萄乾浸漬蘭姆酒，讓葡萄乾吸飽酒香。

2 將低筋麵粉與泡打粉混合後過篩兩次，過篩能將空氣篩入麵粉中，讓麵粉更細緻膨鬆。

3 將蛋打入牛奶攪拌均勻。

4 快快快！從冰箱取出無鹽奶油後，放入步驟2的過篩後的粉類，然後快速切成丁，再快速簡易搓揉，
充分融合到如砂礫般的質地。

5 接著再加入浸漬過葡萄乾與香草黃檸檬果醬，混合均勻。

6 將奶油麵粉砂礫堆成粉牆，將牛奶蛋液一次一次慢慢倒入混合均勻。

7 將司康麵糰包上保鮮膜，再壓成扁狀麵糰，放入冰箱冷藏靜置至少2小時。

【 烤司康 】

1 烤箱預熱180℃至少15分鐘。取蛋黃，將蛋黃和牛奶混合成牛奶蛋液。

2 取出司康麵糰，用擀麵棍擀成約2.5公分厚，再將司康模切出一個個司康，在上頭刷上牛奶蛋液，放
進烤箱烤15分鐘即可。

〔一定要的，用果醬做甜點！〕法式吐司

- 搭配果醬─
- **草莓蔓越莓** P.82

〔食材〕

蛋 4顆
鹽 1撮
牛奶 250c.c.
細砂糖 50g
白吐司 4片
草莓蔓越莓果醬 適量
無鹽奶油 50g

以為帶有高貴情調的法式吐司「Pain Perdu」原來指的是「沒用的麵包」，不禁讓我啞然失笑，都是我們多想了。法國餐桌上少不了麵包，麵包放久了沒吃完，於是想出了浸泡牛奶蛋液再煎得香酥可口，真是高招。堅硬口感瞬間轉為香噴噴軟綿綿。

【 浸泡 】
將蛋打成蛋液，加入鹽、牛奶、細砂糖混合均勻，將白吐司排入寬口淺盆，然後倒入混合好的牛奶蛋液，一面大約浸泡1小時，接著再翻面浸泡同樣1小時。

【 煎 】
將奶油放入平底鍋，小火熱鍋，放入浸泡後的白吐司，用小火將吐司表面煎出金黃色，再翻面同樣煎成金黃色，關火起鍋。

【 享用 】
放上幾匙草莓蔓越莓果醬，也能再加些水果或鮮奶油，可以的話，刨些綠檸檬皮絲，很加分。

幸福好食光〔美味提案 12〕

〔一定要的,用果醬做甜點!〕白玉宇治金時

- 搭配果醬－
- 宇治金時 P.182

〔食材〕

小湯圓　20g
微甜紅豆泥　100g
宇治金時抹醬　適量

日本食物命名很美,帶入四季,更帶入十足立體的美麗畫面,比方説油炸物是「揚物」,揚是指油溫轉高後從油鍋底下揚起的小油滴;白玉是小湯圓,以形喻物,吃進了一顆白玉,多麼高雅。

【 煮湯圓 】
先煮一鍋熱水,沸騰後小心放入湯圓煮熟,小小湯圓大約煮5分鐘就可以撈起,再放入冰水中冰鎮,這能讓口感更彈Q。

【 組合 】
先放微甜的紅豆泥在碗中,接著加入小湯圓、宇治金時抹醬,若希望抹茶風味更顯著,你可以過篩一點點抹茶粉,增加苦香味。

Chapter

富有情調的花香調果醬

經歷了刀工的考驗，也學會如何淬鍊天然蘋果膠，接下來浸淫在芳香馥郁的花香中。
花香果醬是食用級香水，賦與果醬美麗的氣味。

Chrysanthemum Jelly

Sugar Peal Jam with Fragrans

Apple Jam with Black Tea & Butterfly Lily

Cherry Blossom Jelly

Peach Jam with Rose

Strawberry & Banana Jam with Orange Blossom Water

Rose Chocolate Spread

杭菊果凝

Chrysanthemum Jelly

這是合樸農學市集的公田所收成的杭菊，安全無毒。我無法在不熟悉的通路買乾燥花草，來源不明，也害怕它是否農藥含量超標。乾燥後的杭菊做成果凝花香豐沛，清透的果凝中凍結了幾朵小菊，如同留住了秋色、秋味。

食材

青蘋果　600g
檸檬汁　25g
乾燥杭菊　20朵
細砂糖　400g
水　200g

將青蘋果以活水洗淨。

削去果皮後，切成10等份，不需要去籽去核。

3

將蘋果塊與水一起放入鍋中。

4

加入檸檬汁,稍微攪拌一下。

5

將15朵杭菊加入鍋中。

6

加入糖,再次攪拌均勻。

7

將鍋子放到爐火上,開到中大火。

8

沸騰後撈除浮沫。

9

將蘋果煮到透明軟爛的狀態。

10

將鍋中煮好的杭菊蘋果,用篩網過篩出果汁。

11

再放入5朵乾燥杭菊,以中小火加熱,煮至沸騰,記得撈除浮沫,沸騰後轉小火。

12

煮至果醬的終點溫度103℃後關火。

13

趁熱起鍋,將果凝倒入消毒過的玻璃瓶。

14

封蓋後盡快倒放,放涼後便完成真空,可耐保存了!

果醬小幫手

● **為什麼要用青蘋果?**

因為它是含有最多果膠的蘋果,最適合熬煮成果凝。一般用青蘋果做成天然蘋果膠都不會去皮,因為果膠幾乎都存在果皮與果肉間,但青蘋果會上臘,即便用溫熱水刷洗乾淨,我也無法確定蘋果已經乾淨了!於是,我總是去皮,當然會犧牲到很多果膠,不過健康更重要,對吧!

桂花香水梨

Sugar Peal Jam with Fragrans

食材

香水梨 600g
（約5顆中型果）
檸檬汁 50g
細砂糖 250g
乾燥桂花 5g
荔枝蜜 50g

對桂花的印象來自課本上的文字，為了考試而讀，與真心熱愛的接觸截然不同。因為果醬，開始細細品味這些日常生活習以為常的香氛，桂花的香是甜的，聞來樸素含蓄，淡雅秀麗，它雖含蓄，卻是當主角的命，蘋果、梨這些氣味平和的水果成了絕佳配角，讓桂花有一個舞台好好被看見。

〔 Day 1 〕 糖漬水果

1

將香水梨以活水洗淨。

2

削去果皮後，去核，再切成銀杏片大小。

3

將切好的香水梨銀杏片放入鍋中。加入檸檬汁。

4

稍微攪拌一下，再倒入細砂糖。

5

用刮刀徹底攪拌均勻，直到開始出水糖漬。

〔 Day 2 〕 熬煮裝瓶

6

拉開保鮮膜封好，放進冰箱冷藏一夜。

1

將糖漬香水梨放室溫退冰。放到爐上，開中小火加熱，煮至沸騰。

2

沸騰後，轉中火續煮，用網勺撈除浮沫澀汁。

3

加入挑選過的乾燥桂花，乾燥桂花中難免有雜質砂土，花點時間挑乾淨吧！

4

記得不時攪拌，觀察鍋中熬煮的狀態。

5

煮至能用木匙切斷香水梨時，加入荔枝蜜，並攪拌均勻。

6

攪動時感到滯重，表面產生光澤感即可起鍋。

7

趁熱將果醬倒入消毒過的玻璃瓶，旋緊蓋子。

8

倒放，等到果醬冷卻後就完成真空狀態，可以將果醬移到陰涼處儲放。

紅玉野薑花

Apple Jam with Black Tea & Butterfly Lily

> 紅玉紅茶由台灣原生種的野生山茶與緬甸大葉種孕育而成，茶香中洋溢著淡淡的薄荷與肉桂氣味。將清麗的野薑花入茶作醬，花香茶香交融，抹在鳳眼糕上，泡台灣茶時，請試試佐食這麼一盤茶點。

食材

青蘋果 500g
檸檬汁 50g
細砂糖 300g
紅玉紅茶葉 15g
野薑花 3朵
水 100g

150

1

洗淨青蘋果與綠檸檬。

2

將蘋果削皮去核之後切塊。

3

用果汁機或均質機打成果泥。

4

將蘋果泥加入檸檬汁，稍微攪拌一下。

5

加入細砂糖，用刮刀充分攪拌均勻。

6

靜置4小時，讓蘋果慢慢糖漬出水。

7

取100g水煮沸後，加入紅玉紅茶葉、2朵野薑花瓣燜蒸，取茶湯。

8

將茶湯倒入蘋果泥中，開中火一起熬煮。

9

熬煮中會產生大量浮沫與雜質，要隨時撈除。

10

約熬煮30分鐘後，鍋中會開始呈現厚稠狀，請不停攪拌，以防止果醬在鍋底燒焦。

11

當果醬表面呈現光澤感的時候，請加入1朵野薑花瓣，增添風味。

12

趁熱起鍋，將果醬倒入消毒過的玻璃瓶。

13

封蓋後盡快倒放，放涼後便完成真空，可耐保存了！

櫻花果凝

Cherry Blossom Jelly

「櫻花美學」是大學時很常在文學討論中提到的名詞，櫻花在綻放最盛時落下，充滿頹廢之美，我將鹽漬櫻花入果凝，向大學時我讀過的那些日本文學作家致敬，謝謝三島由紀夫陪我度過鬱悶的某些時刻。

食材

青蘋果 500g
水 550g
檸檬汁 50g
細砂糖 300g
海藻糖 100g
櫻花茶 1包
鹽漬櫻花 5朵

1

洗淨綠檸檬、青蘋果。

2

將青蘋果削皮後，不需要去核，切成10等份。

3

將青蘋果和500g的水一起放入鍋中，開大火熬煮，煮到沸騰。

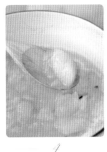    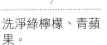

4

沸騰後轉為小火，繼續將青蘋果煮至軟爛透明的程度才可以。

5

用細密的濾網過濾蘋果汁與果肉。
● 這時候的蘋果汁會充滿大量果膠。

6

將100g水煮沸後關火，放入櫻花茶浸泡燜蒸。

7

將蘋果汁、檸檬汁及所有的糖，放入鍋中以中火熬煮至沸騰。

8

要不時的撈除浮沫與雜質。

9

將泡好的櫻花茶倒入並轉小火煮至果汁濃縮1/3以上，且具光澤感，就能準備裝瓶了。

10

趁熱起鍋，將果凝倒入消毒過的玻璃瓶。

11

再放入鹽漬櫻花裝飾。

12

封蓋後盡快倒放，放涼後便完成真空，較耐保存了！

食材

甜桃　600g
檸檬汁　50g
細砂糖　350g
新鮮玫瑰花　20g
天然蘋果膠　100g
（做法參見P.40）

玫瑰甜桃

Peach Jam with Rose

玫瑰與桃皆是價格高貴、風味也高貴的食材，因為得節制熬製，便也成了我的私房果醬之一，一匙一匙珍惜品嘗，嘗完等著迎接來年盛產，再做幾瓶成生活的常備良藥，可解憂愁去煩膩。女人是很有趣的生物，總有辦法為自己開脫罪名，讓吃甜食變得光明正大。

〚 *Day 1* 〛　糖漬水果

1

將甜桃以活水洗淨。

2

削掉果皮後，將甜桃對半切，除去果核，將甜桃切成銀杏片狀。
● 動作要快，因為甜桃會氧化變色，也可以將甜桃片先放入檸檬汁。

3

將切好的甜桃銀杏片放入鍋中。

4

加入檸檬汁，稍微攪拌一下。

5

最後倒入細砂糖。

6

徹底攪拌均勻，鍋中便開始糖漬出水的作用了！

7

拉開保鮮膜封好，把水果放進冰箱冷藏一夜。

1

將冷藏一夜的糖漬甜桃在室溫下退冰後，轉置爐上，以中小火加熱。

2

煮至微微沸騰後，撈除浮沫。

3

關火放涼後，包上保鮮膜，放進冰箱冷藏一夜。

〔 *Day 3* 〕 熬煮裝瓶

1

將玫瑰花瓣快速剪成細碎，加入鍋中。
● 動作要快，玫瑰剪碎風味便開始流失了。

2

將從冰箱取出放室溫的糖漬甜桃轉置爐上，加入天然蘋果膠後，開中小火加熱，煮至沸騰。

3

勤勞一些，不時的撈除浮沫與澀汁。

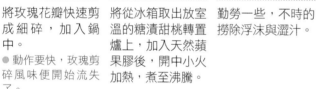

4

記得攪拌，以防果醬在鍋底燒焦。

5

煮至甜桃染上玫瑰花色，以木匙攪動時成濃稠態，以及表面有光澤感即可趁熱起鍋了。

6

趁熱將煮好的果醬裝入消毒後的玻璃瓶。

7

封蓋後將果醬倒放，直到放涼後，便完成真空，可耐保存了。

果醬小幫手

● 甜桃中有玫瑰隱味，所以即便玫瑰與甜桃都是風味相當顯著的食材，還是能找出同樣的滋味放一起熬煮。除此之外，玫瑰與荔枝、玫瑰與覆盆子、迷迭香與甜桃都是搭配起來非常美味的組合。產季到時請試試看。

● 果醬發霉了！

▶ 可能造成的原因：

1. 玻璃瓶與瓶蓋未消毒乾淨，讓微生物或細菌侵入導致發霉。
2. 保存環境條件不良，濕度、溫度過高。
3. 開瓶後沒有放冰箱冷藏保存。
4. 開瓶後沒有使用乾燥潔淨的湯匙挖取。
5. 開瓶後沒在保存期限內吃完。
6. 水果品質不良，即便脫水熬煮後也容易變質發霉。
7. 糖放得不夠，影響保存條件。

▶ 應該如何搶救：

1. 若輕微發霉，挖去發霉處，盡快食用完畢。
2. 若發霉嚴重，果醬已污染嚴重，直接丟棄，請勿食用。

草莓橙花香蕉

Strawberry & Banana Jam with Orange Blossom Water

這口味的概念來自香水，香水有前味、中味、後味，於是入口是草莓香（前味），接著香蕉味道開始出現（中味），最後吃完留在口腔是淡淡微微的花香（後味）。請搭著優格吃，更能吃出風味的轉變。這是我非常喜愛的口味，請大家務必嘗嘗。

食材

新鮮草莓　400g
全熟香蕉　300g
檸檬汁　80g
細砂糖　450g
橙花水　3大匙
水　100g

[*Day 1*]　糖漬水果

1

以持續流動的水洗淨新鮮草莓，手勢輕柔洗去果肉上的塵土汙垢。

2

輕輕甩去多餘的水分後，接而小心去除葉梗，若損傷到草莓表面或大力壓傷果肉，草莓很快就會發霉甚至發酵了。

3

瀝乾後，除去草莓蒂頭，將所有草莓放入鍋中。

● 此時才去蒂頭，是為了不讓水分透過去蒂後的接口滲入裡面，如此更能維持果肉的結實口感與濃郁風味。

4

將去除蒂頭的草莓微微捏出水分。

5

將捏碎的草莓放入鍋中，倒入1/2份量的檸檬汁，輕微攪拌一下。

6

稍拌之後，倒入全部的細砂糖。

7

用刮刀充分攪拌均勻，開始糖漬草莓。

8

包上保鮮膜之後，放進冰箱冷藏一夜。

[*Day 2*]　熬煮草莓

1

將冷藏一夜的糖漬草莓在室溫下退冰後，置於爐上，以中小火加熱，煮至微微沸騰。

糖煮香蕉

2
隨時撈除浮沫。

3
關火後靜置放涼。

4
將1/2份量的細砂糖與水倒入鍋中。移到爐上，轉中大火開始煮糖。

5
將香蕉剝皮後切圓片。

6
將切片後的香蕉盡快加入剩下的檸檬汁攪拌均勻，以防氧化變色。

混合香蕉與草莓

7
將糖煮至115℃以上。

8
達到115℃後快速加入香蕉片開始糖煮，並攪拌均勻。

9
將香蕉煮到不成圓形，開始軟爛的程度。

10
再將煮過一次的草莓加入香蕉。

11
快速混合均勻。
● 這時草莓與香蕉的混合香氣飄散開來，會讓你心甘情願不覺得分開煮很麻煩。

12
以中小火煮至沸騰，要隨時撈去浮沫與雜質。

13
香蕉很容易燒焦，要不時攪拌以防止果醬在鍋底焦了。

14
煮至鍋內開始濃縮呈厚稠狀，果醬表面呈現光澤感就可以倒入橙花水了。

15
趁熱起鍋，將果醬倒入消毒過的玻璃瓶。

16
封蓋後盡快倒放，放涼後便完成真空，可耐保存了！

玫瑰巧克力抹醬

Rose Chocolate Spread

玫瑰代表浪漫、愛情，巧克力也被操作為情人節必備的禮物，那麼乾脆將兩者結合，做一款意涵再清楚不過的抹醬，再假裝瀟灑送他（她）一瓶嘗嘗，這算不算直接了當的說清楚講明白？

食材

70%堅果黑巧克力　300g

細砂糖　200g

無鹽奶油　30g

玫瑰花瓣醬　30g

玫瑰花水　50g

威士忌　1大匙

1

先將黑巧克力快速的切成碎塊，能增快巧克力加熱融化的作業速度。

2

隔水加熱讓巧克力融化。

3

切勿讓巧克力溫度超過50℃，巧克力的質地會改變，也會影響風味。

4

加入細砂糖、無鹽奶油慢慢的攪拌均勻，讓糖與奶油完全融化。

5

加入玫瑰花水、玫瑰花瓣醬攪拌均勻。

6

再加入威士忌，增添酒香。

7

將巧克力醬裝入消毒後的玻璃瓶。

8

旋緊瓶蓋後盡快倒放，放涼後便完成真空，可耐保存了！

果醬小幫手

●隔水加熱的技巧，是上鍋要比下鍋大一些，這樣能夠更機靈的移動上鍋，方便控制溫度變化。

〔好好喝的果醬飲品！〕夏日冰茶

- 搭配果醬－
- **熱帶水果 P.106**

〔食材〕

紅茶
紅茶茶葉　10g
（約可沖泡濃茶4杯）
水　800c.c.
水果
紅石榴　適量
香吉士　1顆
蘋果　1/2顆
熱帶水果果醬　8大匙
冰塊　適量
新鮮薄荷葉　適量

> 只要有一瓶熱帶水果果醬，就可以做出
> 很專業的水果茶。

【 沖濃紅茶 】

1 先沖濃紅茶，煮沸800c.c.水，水沸騰之後直接沖紅茶，沸騰後再沖紅茶的溫度大約是95℃，這是最
　適合的溫度。

2 約浸泡5分鐘後，取出茶葉放涼。

【 切水果 】

將蘋果切成0.2公分左右的薄片，更講究的，你可以拿餅乾模壓出喜歡的形狀，像這樣小小一片愛心很
可愛；香吉士處理方式可參考P.126取出果肉。

【 組合 】

在杯底放3大匙熱帶水果果醬，加入濃紅茶，大約五分滿，再放入冰塊、蘋果片、香吉士、紅石榴，
最後點綴薄荷葉即可。

幸福好食光〔美味提案 14〕

〔好好喝的果醬飲品！〕葡萄果凝氣泡飲

● 搭配果醬—
● 葡萄果凝P.103

〔食材〕

香吉士　1顆
葡萄柚　1顆
葡萄果凝果醬　8大匙
七喜　1瓶
冰開水　300c.c.
新鮮薄荷葉　1段
冰塊　適量

其實不必刻意上市場買水果，打開冰箱發現有什麼就加入什麼，只要配色看來乾淨明亮就好。

【 處 理 水 果 】

參考P.135，分別將葡萄柚、香吉士取出果肉。
雖然甜點大師Pieree Hermé說薄荷葉是多餘之物，但我總覺得加上一點生意盎然的綠，無論甜點、飲品看來都更精采。

【 組 合 】

舀出果醬放入壺底，倒入七喜，也可以用雪碧，只是七喜多了一抹薑味更好，倒入冰開水，加入葡萄柚、香吉士、新鮮薄荷，然後倒入冰塊，馬上開懷享用吧！

〔好好喝的果醬飲品！〕俄羅斯咖啡

搭配果醬—

糖漬香橙圈圈 P.128

〔食材〕

熱牛奶　1/4杯
伏特加　1大匙
巧克力　30g
黑咖啡　1/2杯
糖漬香橙圈圈　2片

咖啡中加了酒精含量高達40％的伏特加，是俄羅斯人在寒冬裡喝了暖身的佳飲，在冰天雪地中，的確讓人容易喝完一杯還想追加。這裡添了些爽朗橙香，你可以將香橙果醬加入咖啡，一飲而盡；也可以一口咖啡一口糖漬香橙，慢嘗一個寧靜的夜晚。

【 泡咖啡 】

將熱牛奶打成奶泡，溫度不要超過75℃，過高會影響牛奶風味，在杯底放上伏特加、巧克力，然後沖入熱黑咖啡，最後放上奶泡。

【 享用 】

取一小碟，放2片糖漬香橙，一口咖啡一口橙片。

幸福好食光 〔 美味提案 16 〕

〔好好喝的果醬飲品！〕印度拉西

● 搭配果醬─
● **香甜酒蔓越莓 P.196**

〔食材〕

優格　200g
牛奶　50g
果醬　6大匙
檸檬皮絲　適量
檸檬汁　1大匙
細砂糖　30g
冰塊　適量
蔓越莓香甜酒果醬　6大匙

拉西（Lassi）是印度的國民飲料，說穿了就是水果優格飲，只是傳統拉西是鹹滋味，加了海鹽、小茴香等香料入優格，芒果產季大出時也可以打一杯芒果拉西消暑，這是印度最受歡迎的口味。

【 組合 】
將所有材料加入果汁機，稍微打一下見均勻了即可倒出享用。

低迴雋永的茶香調果醬

茶從東、西方的角度可看出截然不同的視野，
東方茶是生活茶，投入禪意、修養、情感；西方茶講求生活品味，更是經濟命脈。
茶香縹緲，如何讓果醬能嘗出茶味餘韻，是這章節的重點。

Apple Jam with Earl Grey

Plum Jam with Oolong Tea

Apple Conserve with Assam Tea

Masala Milk Tea Spread

Oolong Tea Spread with Fragrans

Sencha Spread with Pine Nuts

Red Beans & Matcha Spread

伯爵蘋果茶

Apple Jam with Earl Grey

唐寧的伯爵茶與蘋果十分相投！加入茶碎讓果醬視覺上看來多些變化，這款走的是了然於心的路線，也就是光看名稱就可知嚐來大約是怎樣的味道了。將伯爵蘋果茶濃縮在瓶裡，液體轉固體，可說是食物的化學變化。

食材

紅蘋果	600g
檸檬汁	25g
細砂糖	300g
伯爵茶	3袋
熱水	50g

〔 *Day 1* 〕 **糖漬水果**

1	*2*	*3*
將紅蘋果、綠檸檬以活水洗淨。	將紅蘋果削皮去核後，切成銀杏片。	將蘋果片放進鍋裡，接著加入檸檬汁，稍微攪拌。

〔 *Day 2* 〕 **熬煮裝瓶**

1	*5*	*1*	*2*	*3*
倒入細砂糖。徹底攪拌均勻，攪拌到出水並開始糖漬的程度。	拉開保鮮膜封好，放進冰箱冷藏一夜。	將鍋移置爐上，開中小火加熱，沸騰後，馬上轉中小火續煮，並隨時撈除浮沫。	將伯爵茶放入熱水中泡成濃茶。	將伯爵濃茶倒入鍋中。

4	*5*	*6*	*7*	*8*
拿取份量外的茶包，剪開取出茶葉碎，加入鍋中，增加風味與口感。	再隨時撈去浮沫，需不時的攪拌，以防止果醬在鍋底燒焦。	稍微降溫一下，用果汁機或調理棒將蘋果打成粗末。	煮至濃稠狀，表面有光澤感即可趁熱起鍋。	將裝好的果醬倒放降溫，放涼後就完成真空了！

TEA TIME

食材

黃梅　600g

水　50g

烏龍茶葉　20g

細砂糖　400g

梅子醋　50g

海鹽　少許

茶漬五月梅

Plum Jam with Oolong Tea

黃梅聞來有股令人驚喜的蜜桃香，富含大量果膠，做成果醬要失敗也難，襯上高山烏龍茶，茶香甘甜沉穩，解了黃梅甜膩。清明前後，正是梅樹結果累累，青梅漬蜜餞，黃梅熬果醬，有得忙了。

1

用流動的水漂洗黃梅，黃梅已熟透，不要過度浸在水中，也要避免用力拿捏，免得傷到果實。

2

用牙籤挑掉黃梅的果蒂，這是需要耐心的程序，但無法省略，挑掉果蒂能讓口感更乾淨。

3

將黃梅用鹽抓搓至果肉略軟的程度。

4

將帶鹽的黃梅入水後洗淨，撈起徹底瀝乾。

5

將黃梅放入蒸籠中蒸熟。

6

將烏龍茶葉放入熱水中，馬上關火。

7

用盤子蓋住，燜出一杯濃茶。

8

蒸熟後將黃梅放涼，擠出黃梅肉汁，除去果核與果皮。

9

10

將軟爛的果肉放入鍋中，倒入細砂糖，稍微攪拌一下。

倒入梅子醋，再稍微攪拌。

11

12

13

14

最後倒入烏龍濃茶。

均勻攪拌後靜置4小時糖漬。

完成糖漬後，放到爐上，開中小火加熱，煮到沸騰。沸騰後，轉中火續煮。

仔細撈去浮沫與澀汁。

15

16

17

不時的攪拌，以防止果醬在鍋底燒焦。

煮至濃稠狀，用木匙挖取果醬，果醬滑落至鍋中有滯重感即可趁熱起鍋。

將裝好的果醬倒放降溫，放涼後就完成真空了！

阿薩姆紅蘋果

Apple Conserve with Assam Tea

這款果醬可視為單獨的甜點，刻意不將蘋果煮化，片片熬煮糖漬；以茶味香濃、沉穩圓潤的阿薩姆紅茶提味，再拌上果乾、堅果，嘗來滋味豐富，口感飽滿。

食材

紅蘋果　600g
檸檬汁 25g
細砂糖 300g
阿薩姆茶葉　20g
核桃 40g
水 150g
葡萄乾 40g
綠檸檬皮絲 適量

1　將蘋果及檸檬以活水洗淨。

2　將蘋果削皮去核後，一一切成銀杏片狀。

3　將蘋果片放入鍋中，擠入檸檬汁，馬上攪拌均勻，讓每片蘋果都能沾附到檸檬汁，減緩氧化變色。

4　倒入細砂糖。

5　徹底攪拌均勻，邊攪拌時，其實會發現蘋果已經開始糖漬出水了。

6　用保鮮膜封好後，放進冰箱冷藏一夜。
● 這個步驟，我都說是讓水果冷靜一下，好好和糖、檸檬汁相處相處。

$\left[\mathcal{D}ay\, 2 \right]$　熬煮裝瓶

1　將烤箱預熱到150℃，我們要來烤碎核桃了。將核桃烤5分鐘，用湯匙翻面，讓正反面都能充分烘烤。
● 顏色大約變深一號就可以了，很容易烤過頭燒焦，不要離開烤箱，眼睛緊盯著核桃的變化吧！

2　將核桃放涼後，核桃剝成細碎。

3　將150g的水煮滾後熄火，放入阿薩姆茶葉快速攪拌均勻。

4　加蓋燜5分鐘，燜出茶香，不要燜過頭，會將苦澀味都燜出來了。

5

將昨天冰進冰箱的糖漬蘋果拿出來退冰後,將鍋子移到爐上,開中小火加熱,煮到沸騰。

6

煮蘋果很容易產生浮沫,要隨時撈去浮沫雜質。

7

撈淨後,倒入阿薩姆濃茶湯,這時候請轉小火並微微攪拌,火候大,茶香就容易消逝。

8

再倒入葡萄乾。這邊直接用葡萄乾,也可以前一夜用蘭姆酒浸漬後加入,有酒香,口感濕潤,很不錯。

9

要不時攪拌,以防止果醬在鍋底燒焦。

10

煮到稍微濃稠的程度,果醬表面產生光澤感就準備起鍋了。

11

起鍋前,加入核桃碎,這時間點加入是要留住核果脆脆的口感。

12

刨下綠檸檬皮絲,如羽毛般的綠檸檬皮絲很神奇,加入一些就讓滋味輕柔許多。

13

趁熱將果醬倒入消毒後的玻璃瓶。

14

封蓋後將果醬倒放,降溫後瓶內就完成真空了!

印度奶茶

Masala Milk Tea Spread

我嗜飲印度奶茶，嗜飲到還專程買了柳宗理直徑18公分的片手鍋親手熬煮。牛奶抹醬是甜醬的一個重要類別，而印度奶茶就非常適合濃縮成醬，香料風味明顯融合得更渾厚芳香。

食材

阿薩姆茶葉 20g
水 150g
肉桂 2根
丁香 10個
小荳蔻 7顆
黑胡椒 10顆
牛奶 250g
鮮奶油 200g
細砂糖 50g

1

將150g的水煮滾後熄火。放入阿薩姆紅茶葉、香料快速攪拌均勻。

2

加蓋燜5分鐘，燜久茶湯會釋出苦澀味，所以不能燜過頭。

3

將牛奶、鮮奶油、細砂糖攪拌均勻。

4

轉置爐上，開中火加熱，煮至沸騰，沸騰後，轉中小火繼續加熱。

5

鮮奶油與牛奶加熱後很容易沸騰起浮沫，勤勞些撈去浮沫雜質。

6

邊加入阿薩姆香料茶湯，邊攪拌均勻。

7

撈去浮沫雜質。

8

一定要不時攪拌以防鍋子焦底或焦邊。

9

細熬30分鐘左右，會發現攪拌時有阻礙感了，且明顯可看出開始濃縮，這時要轉小火續煮。

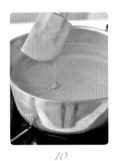

10

熬至拿起木匙時，抹醬會緩慢滑落的狀態即可，這時候其實還是有些液態感。

● 絕不能熬煮到你以為的抹醬狀態，冷卻後會非常硬，冷藏後更會變成固態而難以抹開。

11

趁熱起鍋，將抹進裝進消毒後的玻璃瓶。

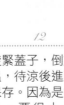

12

旋緊蓋子，倒放降溫，待涼後進冰箱保存。因為是奶製品，要很小心保存，放入冰箱是最不會出錯的方式，天氣熱的話，請勿放室溫過久。

桂花烏龍

Oolong Tea Spread with Fragrans

烏龍茶香鮮明飽滿，加以桂花添香，牛奶佐濃醇甜氣，三者交融得宜，非常台灣印象。香氣細膩，抹上杏仁糕，飲濃茶，是長輩也願意品嘗的口味。

食材

烏龍茶葉 20g
水 150g
牛奶 250g
鮮奶油 200g
細砂糖 50g
乾燥桂花 10g
海鹽 1撮

178

1

將150g的水煮滾後熄火，放入烏龍茶葉、乾燥桂花快速攪拌均勻。
● 桂花必須挑去雜質沙塵後再加入。

2

加蓋燜5分鐘，燜出茶香。不能燜過久，茶湯會苦澀難以入口。

3

將牛奶、鮮奶油、細砂糖倒入鍋中，稍微攪拌均勻。

4

將牛奶鍋轉置爐上，開中火加熱，煮至沸騰，沸騰後，轉中小火持續熬煮。

5

邊加入桂花烏龍茶湯，邊混合均勻茶湯與牛奶。

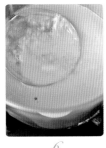

6

牛奶很容易煮沸並產生浮沫雜質，要仔細撈去浮沫，這樣牛奶類抹醬的口感會更細緻好入口。

7

請一定要不時攪拌，以防止鍋子焦底或焦邊。

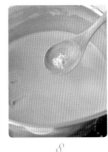

8

熬煮至攪拌時有阻礙感或明顯濃縮了，就轉小火續煮，並加入1撮海鹽凸顯甜味。

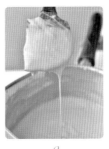

9

熬煮至木匙拿起時，抹醬會呈現滑落感即可。

10

趁熱起鍋，將抹醬填裝入消毒後的玻璃瓶。

11

封蓋裝好後，將抹醬倒放降溫，待涼後進冰箱冷藏保存。

果醬小幫手

● 日曬的桂花容易挾帶細小的風砂石礫，也容易沒去掉堅硬的木質花托，使用前一定要將這些雜質挑除丟棄，才不會影響口感。

● 有時候買的鍋子沒有附鍋蓋，若是怕鍋內的食物流失水分，可以用大盤子蓋住封閉，留住水分！

松子煎茶

Sencha Spread with Pine Nuts

松子是我最愛的堅果，飽含油脂，烤後洋溢木質香；煎茶茶色青綠，嘗來甘甜，帶有些許澀味，是爸爸喜愛的茶品之一，澀味能用牛奶包容，堅果香與奶香又極其合味，這款抹醬好適合搭配日式甜點食用。

食材

● ● ●

松子　1大匙

煎茶葉　15g

水　100g

抹茶粉　10g

細砂糖　150g

牛奶　200g

鮮奶油　300g

1

將烤箱預熱180℃約15分鐘，然後將松子平鋪在烤盤上，放進烤箱約烤5分鐘，表面烤到金黃色即馬上取出。

● 松子非常容易烤過頭，要仔細注意變化。

2

煮沸100g水，倒入煎茶葉後關火。

3

加蓋燜蒸茶湯，不要燜過久，茶會苦澀。

  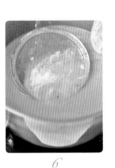

4

將抹茶粉過篩與細砂糖攪拌均勻。

● 這個步驟很重要，能讓抹茶粉不會放入液體後結塊而可以很均勻。

5

將牛奶、鮮奶油、抹茶糖、煎茶湯攪拌均勻後，移到爐火，開中大火，煮至沸騰。

6

要隨時撈去浮沫雜質。

7

大約至少要煮30～40分鐘才會開始顯現厚稠，要不停攪拌，防止抹醬在鍋底燒焦。

8

煮到木匙上的抹醬往下放會黏滯滑落，就可以準備起鍋了！

9

起鍋前，灑一些煎茶裝飾，並加入烤好的松子。

10

趁熱起鍋，將抹醬填裝入消毒後的玻璃瓶。

11

封蓋裝好後，將抹醬倒放降溫，待涼後，放進冰箱冷藏保存。

宇治金時

Red Beans & Matcha Spread

若談起京都甜點，抹茶紅豆是第一印象，選用上等抹茶粉是成功要因，我使出王牌，一保堂的抹茶香茶色翠綠鮮麗，茶香淡雅，與來自萬丹的飽滿紅豆熬煉出極品滋味。也可以加入鮮奶成抹茶紅豆牛奶，慢飲細品。

食材

●●○

紅豆

紅豆　200g

熱水　800g

二砂糖 100g

海鹽　1小撮

抹茶牛奶

牛奶　200g

鮮奶油　100g

抹茶粉　10g

細砂糖　50g

煮紅豆

1

洗淨紅豆。泡水至少5小時,泡到紅豆因為吸水而漲大飽滿。

2

將泡過水的紅豆與800g的水一起放入電鍋的內鍋中蒸熟,外鍋請放一杯水。

3

蒸熟後,加入二砂糖與1小撮海鹽。
● 二砂糖與海鹽都更能提引出紅豆的香氣與細膩的甜味。

煮抹茶牛奶

4

稍微攪拌均勻靜置,讓紅豆吸取糖的甜。

5

將細砂糖與過篩的抹茶粉混合均勻,這樣加入液體中,抹茶粉就不會糾結成塊了。

6

將牛奶、鮮奶油、抹茶砂糖攪拌均勻。

7

放到爐上,開中大火加熱,煮至沸騰。沸騰後,馬上轉中小火續煮,隨時撈去浮沫,與黏附在鍋邊的牛奶醬。

8

不時攪拌,以防止牛奶在鍋底燒焦。

混合

9

等到濃稠後,加入紅豆並攪拌均勻入味。

10

熬煮至攪拌時感覺滯重,並可在表面攪拌出痕跡即可。

11

趁熱將抹醬填入消毒後的玻璃瓶。

12

將抹醬倒放降溫,放涼後就完成真空了。抹醬因為含有牛奶,所以放室溫幾天後就需要冷藏保存了。

〔冰冰涼涼果醬凍飲！〕 燈籠果仙草凍

- 搭配果醬—
- **燈籠果 P.98**

〔食材〕

曬乾的仙草藥草 150g
水 2400c.c.
二砂糖 200g
洋菜粉 1包（約10g）
燈籠果果醬 適量

【 熬仙草 】

1 將仙草稍微甩開，抖落細砂灰塵，放入水，開大火開始熬煮。

2 熬製沸騰後轉中小火繼續熬煮，讓仙草膠質慢慢釋出，先加入150g的二砂糖，約莫30分鐘後就可關火。

3 再將50g的糖與洋菜粉攪拌均勻。這樣是為了不讓洋菜粉單獨倒入時結塊難以攪拌。

【 凝固 】

接著再煮沸一次就可以了，倒入容器中放涼凝固。

【 組合 】

舀一些燈籠果果醬拌著吃，燈籠果與仙草都是台灣的古早味，也可以加入煉乳增味。如果覺得仙草費工，直接上市場買一塊仙草凍更省事。

幸福好食光 ［ 美味提案 18 ］

〔冰冰涼涼果醬凍飲！〕巧克力布丁

● 搭配果醬—

高粱紫玉地瓜 P.204

〔食材〕

牛奶 300c.c.
鮮奶油 100c.c.
蛋黃 4個
細砂糖 75g
巧克力 30g
可可粉 20g
高粱紫玉地瓜果醬 適量

【 牛奶巧克力蛋液 】

1 將蛋黃放入鍋中，倒入細砂糖，攪拌均勻。

2 牛奶、鮮奶油一起倒入另一鍋，將可可粉過篩到裡頭，攪拌均勻後，開中火開始加熱，發現即將沸騰後關火了。

3 當可可牛奶液溫度降至50℃，加入巧克力慢慢拌勻。

4 將牛奶巧克力液徐徐倒入蛋黃糖液中，攪拌均勻。

5 過篩以濾掉蛋黃雜質，等到降溫後，撈除表面浮沫。

【 烤 】

1 拿出烤盤，上面擺滿裝布丁的容器，將牛奶巧克力蛋液倒入容器中，八分滿就可以了。

2 在烤盤與容器間倒入熱水，水深至少2公分。

3 烤箱150℃預熱15分鐘，烘烤約60分鐘即可。降溫後可冷藏，風味更佳。

【 享用 】

用果醬代替焦糖液，省去一道工序，也更富變化。

〔 冰冰涼涼果醬凍飲！〕鮮奶酪

● 搭配果醬—

梅香番茄 P.101

〔食材〕

牛奶　300g
鮮奶油　100g
細砂糖　50g
吉利丁　4片（約10g）
冰開水　300g
梅香番茄果醬　適量

【 煮沸 】
將牛奶、鮮奶油、糖攪拌均勻後，中火煮至糖融化之後，繼續煮至沸騰後關火。

【 凝固 】
1 將吉利丁放入冰開水泡軟之後，拿出來擰乾，放入剛剛煮好的牛奶液，慢慢攪動直到融化為止。
　吉利丁不耐高溫，放入冰開水軟化最不易失敗。
2 將煮好的鮮奶液倒入容器中放涼後，再進冰箱冷藏。

【 組合 】
享用前舀上幾匙梅香番茄果醬，奶香與果香十足相襯。

幸福好食光 [美味提案 20]

〔冰冰涼涼果醬凍飲!〕豆花凍

● 搭配果醬－
● **紅蘿蔔香橙 P.125**

〔食材〕

豆漿 1000c.c.
洋菜粉 1小匙
二砂糖 50g
香橙紅蘿蔔果醬 適量

【 凝固 】

先將豆漿加熱至沸騰後,將洋菜粉與50g的砂糖攪拌均勻後,一起倒入豆漿內,攪拌均勻放涼後,就可以放冰箱冷藏凝固了。

用洋菜粉是因為它是最好取得的凝固媒介,凝固後的口感爽脆,與一般用石膏、鹽滷凝固後的軟嫩口感不一樣。

【 組合 】

做好的豆花享用時,舀上幾匙果醬替代糖漿,是夏日午后很棒的輕食小點。

Chapter

香醇沉醉的酒香調果醬

酒除了慢品暢飲，還是廚房不可缺少的一味，少了酒的廚房會讓我沒有安全感，無論如何，我總千方百計在果醬加入香醇美酒，讓果香更加悠揚深遠。

· · ·

Pear Jam with Red Wine

Banana Conserve with Walnut & White Wine

Banana Jam with Coconut Milk & Rum

Cranberry Jam with Chambord Liqueur

Strawberry & Orange Jam with Brandy

Caramel Fleur De Sel

Sweet Potatoe Spread with Sorghum Wine

紅酒西洋梨

Pear Jam with Red Wine

紅酒西洋梨是經典的西方甜點，紅酒將梨染上如日落晚霞般瑰麗的色澤，美不勝收。在此用的是一樣的烹調方法，只是將整顆西洋梨切片填入果醬瓶，換個方式呈現。

食材

紅西洋梨 600g
檸檬汁 50g
細砂糖 300g
紅酒 90g

【 *Day 1* 】 **糖漬水果**

1

洗淨紅西洋梨。

2

將紅西洋梨削皮去核。

【 *Day 2* 】 **熬煮裝瓶**

3

再一一切成銀杏片狀。

4

將切好的紅西洋梨片放入鍋，加入檸檬汁，稍微攪拌一下。

5

倒入細砂糖，用木匙徹底攪拌均勻後，用保鮮膜封好，放進冰箱冷藏一夜。

1

將前一夜糖漬的水果拿出冰箱退冰，放到爐上，開中大火加熱，直接煮到沸騰。

2

倒入紅酒，再攪拌均勻，讓西洋梨都能吸附紅酒色澤。

3

沸騰後，轉中小火持續加熱，用網勺除去浮沫與雜質。

4

不時攪拌，以防止果醬在鍋底燒焦。

5

煮到開始收汁，攪拌有阻礙感。煮到果醬終點溫度103℃即可起鍋，這是最標準化的判斷方式。

6

趁熱將果醬倒入消毒後的玻璃瓶。

7

旋緊蓋子後，將果醬倒放降溫，完全涼透後，就可以拿起來存放了。

白酒香蕉碎核桃

Banana Conserve with Walnut & White Wine

很理性的口味，是適合剛直男人的甜味，不夢幻不浪漫，香蕉、核桃快速補充身體需要的能量，白酒解膩，理性思考下，男人有了不能錯過它的理由。

食材

核桃 50g

細砂糖 200g

水 100g

香蕉 500g

檸檬汁 50g

白酒 50g

烤核桃

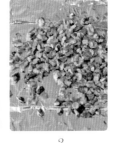

1

先將烤箱預熱150℃15分鐘。

2

將核桃剝成細碎。進烤箱烤至表面微微出油即可取出降溫放涼。

● 千萬不要離開烤箱前，專心觀察核桃的變化，它可以一下子就焦了。

處理香蕉

3

細砂糖與水倒入鍋中。移到爐上，轉中大火開始煮糖。

4

將香蕉剝皮後快速切片。

5

將切片後的香蕉盡快加入剩下的檸檬汁攪拌均勻，以防氧化變色。

6

將糖煮至達到115℃後，快速加入香蕉片開始糖煮，並攪拌均勻。

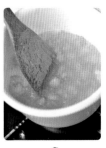

7

將香蕉煮到不成圓形，開始軟爛的程度。

8

撈出浮沫後繼續攪拌。

9

煮至香蕉濃稠成泥。起鍋前加入白酒，增加風味，攪拌約5分鐘就可以準備起鍋了。

10

再加入烤好的碎核桃，攪拌均勻。

11

趁熱將果醬倒入消毒後的玻璃瓶。

12

旋緊蓋子後，將果醬倒放降溫，完全涼透後，就可以拿起來存放了。

蘭姆椰奶芭娜娜

Banana Jam with Coconut Milk & Rum

因為作家梁東屏一系列書寫東南亞的書籍，開啟我對東南亞的好奇探究。除去難免霸道蠻橫的外勞輸出認定，泰國、印尼、越南這些國家的飲食文化燦爛豐富，帶有殖民色彩。有朝一日，希望陸續踏入這些國家，採集飲食脈絡成自己的養分。芭蕉帶有野味，很適合與椰奶一起熬成果醬。

食材

芭蕉 300g
檸檬汁 25g
細砂糖 150g
水 50g
椰奶 25g
蘭姆酒 1大匙
檸檬葉 1片

處理芭蕉　　　糖煮芭蕉

1

將芭蕉剝皮後，快速將芭蕉切成0.3公分左右的圓片。

2

將切片後的芭蕉快速加入檸檬汁攪拌，以防氧化變色。

3

將細砂糖與水倒入鍋中，讓糖與水充分混合一下。

4

轉中大火開始煮糖。將糖煮至115℃。

5

達到115℃後，盡快加入芭蕉片，並攪拌均勻。

6

用網勺持續撈除表面的浮沫與雜質，轉小火細火慢熬。

7

持續將芭蕉煮到軟爛，且芭蕉已經「不成人形」了！

8

煮至芭蕉大部分皆已濃稠成泥。倒入椰奶，攪拌均勻。
● 椰奶香與芭蕉很合呢！

9

接著倒入蘭姆酒，一點點酒香能讓芭蕉滋味更富層次。

10

最後加入檸檬葉，十分南洋風味。

11

熬煮芭蕉果醬時，鍋底容易燒焦，請不時徹底大力攪拌。
● 我曾經偷懶單單攪拌表面，結果刷燒焦的鍋子刷到天荒地老去了。

12

熬煮至攪拌有明顯滯重感，且表面帶有光澤，即可起鍋。趁熱將果醬填入消毒後的玻璃瓶。

13

旋緊蓋子後，將果醬倒放降溫，完全涼透後，就可以拿起來存放了。

果醬小幫手

● 若沒有椰奶，也可以用椰粉代替。只要將椰粉加水拌勻即可。

香甜酒蔓越莓

Cranberry Jam with Chambord Liqueur

蔓越莓與莓果香甜酒熬出鮮豔的紫紅色，伴隨淡淡酒氣，十分適合調製飲品。這是很適合女孩品嘗的果醬，其實我不愛強調食物療效，因為食物都營養，均衡吃才是重點，不過蔓越莓對於女性保建的確很有一套，所以這大概是我唯一會認真鼓吹女生多吃些的口味。

食材

● ●

蔓越莓　500g

檸檬汁　25g

細砂糖　350g

莓果香甜酒　4大匙

1

蔓越莓洗淨。

2

將蔓越莓放入鍋中。

3

加入檸檬汁，稍微攪拌一下。

4

倒入全部的細砂糖，用刮刀徹底充分混合。

5

將混合好的蔓越莓靜置半天，等待糖漬完成。

6

靜置後，以中大火煮至沸騰，也可以微微捏破蔓越莓，讓果膠更快釋放。

7

先撈去浮沫雜質。

8

沸騰後，轉中火繼續熬煮，要隨時攪拌，以防止果醬在鍋底燒焦。

9

起鍋前加入香甜酒，增添風味。

10

煮至果醬成厚稠狀，且表面呈光澤感就可以起鍋了！

11

趁熱將果醬倒入消毒後的玻璃瓶。

12

旋緊蓋子後，將果醬倒放降溫，完全涼透後，就可以拿起來存放了。

食材

● ●

新鮮草莓　300g

柳橙　300g

細砂糖　300g

檸檬汁　60g

白蘭地　2大匙

白蘭地草莓柳橙

Strawberry & Orange Jam with Brandy

{ 莓果與柑橘絕配！白蘭地再來湊一腳，風味深沉，莓果香、橙香、烈酒香在口中陸續綻放，層次更迭，是很貴氣的口味。 }

[*Day 1*]　**糖漬水果**

1

以持續流動的水洗淨新鮮草莓，手勢輕柔洗去果肉上的塵土汙垢。

2

輕輕甩去多餘的水分後，接而小心去除葉梗，若損傷到草莓表面或大力壓傷果肉，草莓很快就會發霉了。

3

瀝乾後除去草莓蒂頭，將所有草莓放入鍋中。

● 此時才去蒂頭，是為了不讓水分透過去蒂後的接口滲入裡面。

4

將去除蒂頭的草莓平均切成4等份。

5

將草莓切片放入鍋中。

6

洗淨柳橙。

7

將柳橙去頭去尾後，沿著果形削下果皮。

8

以刀刃依著果肉與果膜交界處，片取出一瓣瓣的果肉。果膜含有天然果膠，也可以煮果醬時一起放入增加稠度。

9	*10*	*11*	*12*	*13*
將柳橙果肉也放入鍋中。	加入檸檬汁，稍微攪拌一下。	倒入全部的細砂糖。	用刮刀徹底充分混合，讓水果出水糖漬。	包上保鮮膜之後，放進冰箱冷藏一夜。

〔 *Day 2* 〕　熬煮裝瓶

1	*2*	*3*	*4*	*5*
將冷藏一夜的糖漬水果在室溫下退冰後，移到爐上，以中小火加熱，煮至微微沸騰的程度。	隨時撈除浮沫雜質。	要不時的攪拌，防止果醬在鍋底燒焦。以中小火煮至沸騰之後，馬上轉小火繼續熬煮。	煮至鍋內果醬的質地開始呈現厚稠狀，攪拌明顯感到滯重，再煮5分鐘就可以起鍋了。	起鍋裝瓶前，倒入白蘭地，以添風味。

6	*7*
趁熱將果醬填入消毒後的玻璃瓶。	旋緊蓋子後，將果醬倒放降溫，完全涼透後，就可以拿起來存放了。

果醬小幫手

● 果醬瓶的選購要點：

瓶蓋內圈應有上一層膠，能徹底隔絕空氣，耐保存！

焦糖鹽之花

Caramel Fleur De Sel

焦糖鹽之花是巴黎天才甜點師Pierre Hermé的創作，焦糖與鹽之花一甜一鹹彼此交融，堪稱為完美的「結婚」之作！使用的珍貴鹽之花來自法國葛宏德區，風味恬淡清亮，是讓焦糖香而不膩，富有層次的驚嘆號！

食材

● ●

細砂糖　500g
水　100g
鮮奶油　500g
香草莢　1根
無鹽奶油　3大匙
鹽之花　3撮
威士忌　2大匙

1	*2*	*3*	*4*	*5*

1 將細砂糖與水一起放入鍋子裡，花點時間，讓水充分浸透細砂糖。

2 接著開中大火煮糖，千萬千萬不可攪拌！讓它靜靜的劇烈加熱，一旦攪拌很容易反砂，到時候你會得到一大塊白色的糖塊！

3 接下來請好好觀察吧！首先，你會發現鍋中的蒸氣水泡是大而散，因為水分正蒸散出來。

4 再來，鍋中的蒸氣水泡若呈現小而密且稠的樣子，表示水分已經蒸散完成，現在鍋中的糖正在快速加熱焦化中。

5 若鍋邊有糖微微結塊，隨時用毛刷沾水刷去。
● 此時鍋中的糖非常非常高溫，刷的時候一定要注意不要被濺起的糖燙傷了！（講得很恐怖的樣子。）

6	*7*	*8*	*9*

6 不要攪拌，可以將鍋子稍微旋轉一下。

7 大約過15～20分鐘後，鍋中的鍋開始慢慢變深了！發現變成淺咖啡色時，快關火。

8 左手緩緩加入1/2量的室溫鮮奶油，右手同時慢慢攪拌。

9 等攪拌均勻後，加入剩餘的鮮奶油，繼續攪拌，這樣就是焦糖了。

10

切開香草莢,用刀背一次刮出香草籽。

11

將香草籽與空的香草莢加入焦糖裡。

12

加入無鹽奶油,攪拌均勻。

13

再加入威士忌攪拌均勻。

14

起鍋,將香草焦糖倒入消毒後的玻璃瓶。

15

蓋上瓶蓋前,灑入3撮鹽之花到抹醬表面。

16

旋緊蓋子後,將抹醬倒放降溫,完全涼透後,就可以拿起來存放了。

果醬小幫手

● 在糖之中加一點點鹽,能更突顯甜味的細膩回甘。這樣的對比表現也是Pierre Hermé在甜點上運用很多了,但其實我們的老祖宗也在中式菜色中顯現這樣的智慧,例如滷豬肉要放冰糖,我的媽媽也會在羊肉爐放龍眼乾提味。大家都有自己的秘訣,多下廚就多有心得。

● 鮮奶油加入後,雖然已經關火,但鮮奶油碰上高溫會快速衝上,這是正常的現象,不用擔心!

高粱紫玉地瓜

Sweet Potatoe Spread with Sorghum Wine

紫地瓜風味明顯沒有黃色或橙色地瓜來得濃烈，甜味也略遜一籌，但這些能用鮮奶油與牛奶補強，因為它美麗的紫色實在太討我歡心，早就動它腦筋很久了。高粱用來添香解膩，這紫色是不是高雅極了？

食材

• •

紫玉地瓜　300g

牛奶　50g

鮮奶油　100g

細砂糖　50g

高粱　1大匙

1

洗淨紫玉地瓜，用鋼刷將塵土刷洗乾淨。

2

將地瓜削皮後，切成圓片狀。
● 紫玉地瓜長得細細長長的，所以切成圓片再蒸熟，很容易搗成泥。

3

將地瓜圓片放入蒸籠內蒸熟。
● 如何判斷熟了呢？其實不需要全熟，因為後頭還要進鍋熬煮。所以只要蒸的時候，隨時拿筷子插入測試，能插進地瓜就可以了。

4

蒸熟後取出放涼，倒入鍋中用壓鏟鏟成碎狀。
● 我喜歡留些碎塊，如此能留些咀嚼口感。當然你也可以直接將它與牛奶、鮮奶油混合後，用果汁機打成非常滑順細緻的泥狀。

5

接著依序倒入牛奶、鮮奶油、細砂糖。一邊加一邊攪拌均勻。

6

攪拌均勻後，移到爐上，開中大火，煮到沸騰。

7

持續攪拌以防焦底。

8

煮至攪拌有阻礙感時，加入高粱繼續攪拌。

9

趁熱將抹醬填入消毒後的玻璃瓶。

10

旋緊蓋子後，將抹醬倒放降溫，完全涼透後，就可以拿起來存放了。

〔夏天好期待的果醬冰品！〕草莓與奇異果冰棒

搭配果醬－

草莓巴薩米克醋 P.80

迷迭香奇異果 P.212

〔 食材 〕

草莓巴薩米克醋果醬　100g

鮮奶油　100g

牛奶　100g

開水　100g

細砂糖　50g

迷迭香奇異果果醬　100g

> 紅配綠看來好賞心悅目，這兩種
> 風味的果醬十分適合與奶類製成
> 冰品。

【 組成冰棒 】

1 先將100g草莓果醬與50g鮮奶油、50g牛奶、50g開水、25g細砂糖攪拌均勻後，倒入冰盒，移到冰箱的冷凍庫冰凍。

2 冰凍後取出時，先放常溫2分鐘，就可以很順利抽出完整的冰棒。

3 100g的奇異果果醬就與剩下一半的食材一樣攪拌均勻後，放入冰盒冷凍。

幸福好食光 〔 美味提案 22 〕

〔夏天好期待的果醬冰品！〕**焦糖香草冰淇淋**

- 搭配果醬－
- **焦糖鹽之花 P.201**

〔食材〕

香草冰淇淋 2大球
杏仁堅果 30g
焦糖鹽之花抹醬 2小匙

找到好吃的香草冰淇淋才不枉費你做的焦糖鹽之花抹醬。至今讓我嘗了難忘的香草冰淇淋來自台中的i'S gelato，冰淇淋不是習以為常的白色，而是暖黃色，原來是採用產地直送的新鮮香草莢製作獨有的色澤，香草芬芳香醇，淋一匙焦糖鹽之花，再灑些杏仁堅果，可以做為犒賞自己辛勤工作的獎賞。

【 組合 】
挖一球香草冰淇淋，淋上適量焦糖鹽之花，再灑些杏仁堅果，大口享用。

〔夏天好期待的果醬冰品！〕瑪薩喇桑果冰塊

- 搭配果醬一
- **瑪薩喇桑果 P.232**

〔食材〕

新鮮鳳梨　適量
瑪薩喇桑果果醬　適量
開水　適量

> 只要掌握配色就可以做出好看的
> 果醬冰塊，由於很喜歡紫色+黃
> 色的強烈對比，所以就讓桑葚與
> 鳳梨一起登場。果醬冰塊除了可
> 單吃，更能放入紅茶、氣泡水等
> 飲品，融化後成為加味飲料。

【 組成冰塊 】

1 將鳳梨切塊。
　要能放入冰塊盒的大小。
2 將果醬、鳳梨塊放入冰塊盒，適量倒入開水，九分滿即可放入冰箱冷凍庫冰凍了。

幸福好食光〔美味提案 24〕

〔夏天好期待的果醬冰品！〕芒果鳳梨冰沙

● 搭配果醬—
● **荳蔻年華 P.221**

〔食材〕

冰塊　100g
雪碧　50c.c.
荳蔻年華果醬　50g

冰沙其實很適合在菜與菜之間做為清口腔的小點，這能讓味蕾歸零，好好專心品嘗下一道餐點的風味，不會彼此干擾。最適合做的口味就是檸檬，檸檬清新是去味大師，你可以將香草黃檸檬果醬不要加入香草籽，單純用黃檸檬或綠檸檬做果醬再製成冰沙都非常美味！

【 冰沙 】
冰塊、果醬放入食物調理機，加了雪碧是為了增加甜度，一起打成冰沙吧！就這麼簡單。
也可以直接將果醬加開水調開後，倒入冰塊盒冷凍。下次直接將冰塊倒出，打成冰沙。

Chapter

提香增色的香料調果醬

與花香茶酒不同，加入香料反而要膽子小一些，慢慢來。
香料的氣味十足強烈，一點點可添香加味；多了就先聲奪人，反而干擾果香了。
香料是絕佳的配角，也是我的好夥伴，好好善用它，你在廚房便如虎添翼。

● ● ●

迷迭香奇異果

Kiwi Jam with Rosemary

食材
奇異果　500g
柳橙汁　50g
檸檬汁　50g
細砂糖　250g
迷迭香　1枝
荔枝蜜　50g

迷迭香帶有辛香與木質香，味道強烈，入果醬時寧可慢慢加味，不要一次加入，免得搶了奇異果的風采，少數人吃奇異果會過敏，請避免。

1

以活水洗淨奇異果與柳橙。

2

將奇異果削皮。

3

將去皮後的奇異果切成大小一致的果丁。

4

將奇異果丁放入鍋中，加入柳橙汁。

5

再加入檸檬汁。

6

最後倒入細砂糖。

7

用刮刀充分混合後，靜置至少4小時進行糖漬作用。

8

將糖漬奇異果移到爐上，開中大火煮至沸騰。

9

沸騰後，轉中小火繼續熬煮。要不時用網勺除去表面的浮沫與雜質。

10

已經可以感受到開始濃縮了，更要不停攪拌，避免果醬在鍋底燒焦。

11

將新鮮的迷迭香放入果醬中一起熬煮。
● 迷迭香風味濃郁，一次加入一小枝慢慢調味，不要豪氣放太多，免得搶了果味。

12

等奇異果微微透亮，果醬有厚稠感，且攪拌起來手會感到滯重，加入荔枝蜜攪拌均勻。

13

裝瓶前拿出迷迭香枝。

14

將煮好的果醬填入消毒後的玻璃瓶。

15

旋緊蓋子之後，將果醬倒放降溫，放涼之後就可以享用了！

食材

金鑽鳳梨　500g
百香果　100g
檸檬汁　50g
細砂糖　300g
綠胡椒　3g
蘭姆酒　2大匙

綠胡椒百香果鳳梨

Pineapple & Passion Fruit Jam with Pepper

{ 百香果鳳梨是理所當然的美味，點綴一些綠胡椒，是風
味的亮點，多了辛香味，平衡了熱帶水果過度的甜香。 }

[*Day 1*]　糖漬水果

用刷子洗淨鳳梨表
面。

將鳳梨去頭去尾，沿著果皮去皮後對半
切。

將鳳梨磨成粗末，連果芯也要磨成粗末
喔！

洗淨百香果，對半
切，然後用湯匙挖
出果肉。將鳳梨粗
末與百香果放入鍋
中攪拌混合。

擠入檸檬汁。

倒入所有的糖，用
刮刀充分混合。

用保鮮膜封好，放
進冰箱冷藏一夜好
好糖漬。

1

糖漬好的水果從冰箱取出後，放涼退冰，移到爐火上，開中大火煮至沸騰。

2

沸騰後，馬上轉中火繼續煮，用撈杓隨時撈除浮沫與雜質。

3

要不時攪拌，防止果醬在鍋底燒焦。

4

煮到鍋內開始濃縮產生黏稠感，轉小火慢熬。

5

當鳳梨色深且成透明狀後，就表現已經更濃縮，可以加入綠胡椒。

● 綠胡椒風味強，不要失手加太多，免得搶了果味。

6

起鍋前加入蘭姆酒，增添果醬風味。

7

攪拌均勻，就可以裝瓶了。

8

將果醬填入消毒後的玻璃瓶。

9

旋緊蓋子之後，將果醬倒放降溫，放涼之後就可以享用了！

果醬小幫手

● 如果是用無毒有機的鳳梨，那麼果皮洗淨後，可以煮成鳳梨水來喝，那豐沛的鳳梨香實在太讓人驚艷了！

● 綠胡椒雖然清淡，但其實有股無法忽略的辛香味，這能解鳳梨果醬最常出現的甜膩，除了綠胡椒，你也可以用粉紅胡椒(Pink Pepper)，加了粉紅胡椒能讓果醬看來更美麗，黃澄澄一片中躺著小紅點，很可愛。

草間彌生之黑胡椒鳳梨

Pineapple Jam with Pepper

藝術家草間彌生為了創作而生存，著名的圓點作品無關可愛，反而讓人看了大感壓迫，是極富強烈意念的創作。能夠如此理直氣壯表現自己，讓我好生佩服。以黑胡椒與鳳梨象徵她黃底圓點南瓜的雕塑，辛香料與熱帶水果好適合，唯一可惜的是黑胡椒下得不夠重，這是平凡人的陣前退縮。

食材

金鑽鳳梨　600g
檸檬汁　50g
二砂糖　300g
黑胡椒　20顆
蘭姆酒　3大匙

1

用刷子洗淨鳳梨表面。
● 鳳梨一旦切開，就不能碰到生水，吃來容易咬嘴。

2

將鳳梨去頭去尾。

3

順著果形切去側邊果皮。
● 如果是用無毒有機的鳳梨，果皮洗淨後，可以煮成鳳梨水來喝。

4

仔細去掉釘眼。
● 這是很磨人的步驟，加油！

5

切半後將果肉磨碎，也可以切成丁或切成銀杏片狀。

6

將果芯切成0.5公分大小的細碎。
● 果芯充滿大量的鳳梨酵素，我一定會用它。

7

加入檸檬汁，稍微攪拌一下。

8

倒入二砂糖，二砂糖更能引出鳳梨的熱帶果味。

9

充分攪拌均勻，讓糖與檸檬汁都能和鳳梨接觸糖漬。

10

用保鮮膜封好之後，放進冰箱冷藏一夜。

〔 *Day 2* 〕 第一次煮沸

1

將冷藏一夜的糖漬鳳梨在室溫下退冰後，移到爐上，以中大火加熱，煮至沸騰即可。

2

關火放涼後，包上保鮮膜，再放進冰箱冷藏一夜。

果醬小幫手

● 鳳梨的釘眼真的很難除去，新手不妨可以試試我另一種方法，斜切鳳梨，讓兩刀產生一個三角形，只是會浪費一些果肉，所以大家可以選擇自己適合的方式。

〔 *Day 3* 〕 熬煮裝瓶

1

將糖漬鳳梨放室溫退冰。移到爐上，以中大火加熱，煮至沸騰，沸騰後，即轉中小火持續加熱。

2

隨時撈去浮沫與雜質。

3

要不時的攪拌，以防止果醬在鍋底燒焦。

4

煮到果醬濃縮，看起來明顯濃稠了，加入黑胡椒。

5

最後加入蘭姆酒提升香氣。

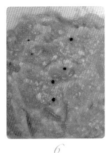

6

攪拌時明顯感到滯重感，且表面有光澤感即可趁熱起鍋。

7

將果醬倒入消毒後的玻璃瓶裡。

8

旋緊蓋子，將果醬倒放降溫，涼了之後瓶內就是真空狀態了。

食材

芒果 300g

鳳梨 300g

檸檬汁 50g

細砂糖 250g

小荳蔻 5顆

荳蔻年華

Mango & Pineapple Jam with Cardamom

印度國民飲品「拉西」(lassi)最著名的口味是芒果,通常還會灑些小荳蔻粉,於是將這樣的搭配轉化為果醬,再加入鳳梨更熱鬧。

[*Day 1*]　糖漬水果

1

洗淨芒果、綠檸檬。

2

將芒果削皮後去籽,然後切成1公分大小的果丁。

3

將鳳梨去頭去尾,沿著果皮去皮後對半切。

4

將鳳梨磨成粗末,連果芯也要磨成粗末喔!

5

將芒果丁與鳳梨粗末一起放入鍋中。

6

擠入檸檬汁,稍微攪拌一下。

7

倒入所有的糖。

8

用刮刀徹底攪拌均勻,讓水果與糖、檸檬汁開始糖漬作用。

9

用保鮮膜封好,放進冰箱冷藏一夜。

1
將冷藏一夜的糖漬水果在室溫下退冰後，移到爐上，開中大火加熱，煮到沸騰。

2
不時撈除浮沫，沸騰後，關火放涼之後，再放進冰箱冷藏一夜。

⌈ *Day 3* ⌋ 熬煮裝瓶

1
將熬煮過一次的水果從冰箱取出後退冰，開中大火煮到沸騰。

2
請隨時撈掉浮沫，除去雜質。

3
沸騰後，轉中火持續加熱，並不時攪拌，防止果醬在鍋底燒焦。

4
持續煮至果醬有厚稠感。

5
加入小荳蔻，並攪拌均勻。

6
將果醬填入消毒後的玻璃瓶。

7
旋緊蓋子之後，將果醬倒放降溫，放涼之後就可以享用了！

● 台灣氣候濕熱，香料容易受潮發霉，所以保存香料可以放一包防潮劑進去，能讓香料保存得更久也更安全。

● 果醬打不開，怎麼辦！

1. 若是剛從冰箱拿出的果醬，需要等到稍微回溫。
2. 用湯匙卡住爪蓋空隙處，往上輕輕撬開即可。這招最不需要勞師動眾。

太妃糖肉桂蘋果

Cinnamon Toffee & Apple conserve

其實分別熬製就是兩個獨立的果醬口味，將兩者合而為一之後，酸甜果香與牛奶糖香氣起來類似小時候非常愛喝的金蘋果，這是養樂多瓶裝的蘋果牛奶，我猜七年級生應該不熟吧（笑）！

食材

蘋果
青蘋果 350g
檸檬汁 50g
細砂糖 100g
太妃糖
細砂糖 350g
水 100g
鮮奶油 350g
無鹽奶油 1大匙
肉桂粉 1小匙

處理蘋果

1
將青蘋果與檸檬洗淨。

2
將蘋果削皮去核後，切成銀杏厚片。

3
倒入檸檬汁，稍微攪拌一下。
● 不用怕氧化，因為加入太妃糖之後也看不出來。

4
倒入所有的糖。

5
充分攪拌均勻，讓蘋果開始糖漬出水。

6
靜置4小時，讓蘋果糖漬更完整。

製作太妃糖

   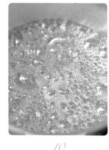 

7
將細砂糖與水一起放入鍋子裡，花點時間，讓水充分浸透細砂糖。

8
接著開中大火煮糖，千萬千萬不可攪拌！讓它靜靜的劇烈加熱，一旦攪拌很容易反砂，到時候你會得到一大塊白色的糖塊！

9
接下來請好好觀察吧！首先你會發現鍋中的蒸氣水泡是大而散，因為水分正蒸散出來。

10
再來，鍋中的蒸氣水泡若呈現小而密且稠的樣子，表示水分已經蒸散完成，現在鍋中的糖正在快速加熱焦化中。

11
若鍋邊有糖微微結塊，隨時用毛刷沾水刷去。
● 此時鍋中的糖非常非常高溫，刷的時候一定要注意不要被濺起的糖燙傷了！（講得很恐怖的樣子。）

12

不要攪拌，可以將鍋子稍為旋轉一下。

13

大約過15～20分鐘後，鍋中的鍋開始慢慢變深了，發現變成淺咖啡色時，快關火。

14

左手緩緩加入1/2量的室溫鮮奶油，右手同時慢慢攪拌。

15

等攪拌均勻後，加入剩餘的鮮奶油，繼續攪拌，這樣就是焦糖了。

16

再加入無鹽奶油，這能讓太妃糖嘗起來更滑順。

17

將糖漬蘋果移到爐上，開中大火煮至沸騰，沸騰後轉中火續煮。

18

隨時用網勺除去浮沫與雜質。

19

請不時攪拌，防止果醬在鍋底燒焦，為留下口感，攪拌時手勢輕一些，盡量保持完整的蘋果片。

混合

20

將蘋果果醬加入太妃糖鍋中開中小火熬煮，並攪拌均勻。

21

煮至濃縮，攪動時有滯重感，灑入肉桂粉。

22

將果醬填入消毒後的玻璃瓶。

23

旋緊蓋子之後，將果醬倒放降溫，放涼之後就可以享用了！

月桂蜜李洋梨

Plum & Pear Jam with Cinnamon

蜜李色澤瑰麗，紅西洋梨可染上蜜李豔紅，肉桂添了沉穩香氣，
是款討喜的果醬。

食材

紅西洋梨 300g
（約中型果2顆）
香水梨 300g
（約中型果2顆）
蜜李 300g
細砂糖 450g
檸檬汁 50g
月桂葉 5片

【 *Day* 1 】

糖漬水果

1

洗淨紅西洋梨、香
水梨與蜜李。

2

將紅西洋梨與削皮
去核。

去皮去核後，切成銀杏片狀。

將蜜李切半去籽，然後切成大小一致的果丁。

擠入檸檬汁，稍微攪拌一下。

倒入所有的細砂糖。

〔 Day 2 〕 熬 煮 裝 瓶

用刮刀徹底攪拌均勻，讓水果開始糖漬出水。

用保鮮膜封好，放進冰箱冷藏一夜。

將糖漬一夜的蜜李西洋梨放室溫退冰。移到爐上，轉大火加熱，煮至沸騰。沸騰後，轉中火繼續煮。

加入揉碎的新鮮月桂葉。用乾燥的月桂葉也可以，只是新鮮的葉子風味更棒！

不時用網勺除去浮沫與雜質。

不停攪拌，防止果醬在鍋底燒焦。

煮至鍋內開始收汁，西洋梨與香水梨都染上美麗的玫瑰色，攪動起來有滯重感，差不多就好了。

熬煮到表面顯現光澤亮度，果醬明顯厚稠就可以裝瓶，將果醬填入消毒後的玻璃瓶。

旋緊蓋子之後，將果醬倒放降溫，放涼之後，請享用！

果醬小幫手

● 如果沒有專門的去核器，也可以用湯匙挖除籽核，方便省事。

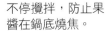

薰衣草歐蕾

Lavender Milk Spread

想去南法原野徜徉大片大片的薰衣草田，如果短時間內還無法造訪，那就將這樣的想像吃進肚。以花草做成牛奶抹醬，風味難免略淡，那是因為習慣了香料添加物，吃原味就會慢慢尋回食物的真滋味。

食材

● ● ●

乾燥薰衣草 5g
熱水 150g
牛奶 250g
鮮奶油 200g
細砂糖 50g

1

將150g的水與薰衣草煮滾後熄火。

2

加蓋燜5分鐘，燜出薰衣草香。

3

將牛奶、鮮奶油、細砂糖攪拌均勻。

4

轉置爐上，開中火加熱，煮至沸騰，沸騰後，轉中小火繼續加熱。

5

牛奶與鮮奶油加熱後很容易沸騰起浮沫，勤勞些撈去浮沫雜質。

6

加入薰衣草花水，馬上攪拌均勻，隨時撈去浮沫與雜質。

7

更要不時的攪拌，防止抹醬在鍋底燒焦。

8

煮至明顯濃縮，而且攪拌時有滯重感，請轉小火續熬。

9

煮至耐熱刮刀拿起時，抹醬呈現黏滯滑落的狀態即就要起鍋了。

10

將抹醬填入消毒後的玻璃瓶。

11

旋緊蓋子之後，將抹醬倒放降溫，放涼之後，放進冰箱冷藏保存！

果醬小幫手

● 起鍋前也可灑入乾燥薰衣草裝飾添味。

香芋歐蕾

Taro Milk Spread

食材

大甲芋頭　500g
牛奶　200g
鮮奶油　300g
香草莢　1條
細砂糖　150g

這是媽媽的專屬口味，很開心能為芋頭控的她做出這款抹醬，尤其她是真心愛吃，經常當飯後甜點享用，邊看八點檔鄉土劇邊吃完一整瓶，於是後來我再減糖熬製，降低甜度，在此也感謝旅人之森Joying爸爸，因為有了他栽種的厲害芋頭，這款抹醬才更加快速誕生。

1

洗淨大甲芋頭，削皮後，切成滾刀塊狀。

2

將芋頭塊放入蒸籠內蒸熟。

● 以用筷子叉入芋頭測試熟了沒？可輕易插入，表示已經蒸到鬆軟熟了，就關火拿出來放涼！

3

將芋頭搗碎，也可以用調理機打成芋泥。

● 因為媽媽喜歡還能咬到芋頭碎的口感，所以我大都會稍微搗碎就停手。

4

將牛奶、鮮奶油、細砂糖攪拌均勻。

5

將香草莢切開，用刀背刮出香草籽。

6

將香草籽加入牛奶鍋中攪拌均勻一起煮，空香草莢也一起丟入，更添香味！移到爐上，轉中大火熬煮。

● 但我總拿來和細砂糖一起放入，做成香草糖。

7

持續熬煮至沸騰後，轉中火續煮，也要不時撈除浮沫。加入芋頭碎，此時要充分攪拌，你會發現一下就呈現黏稠狀了！

● 所以要更快速攪拌，不然抹醬很容易就在鍋底燒焦了。

8

攪拌均勻後，請轉小火繼續熬煮。

9

不時撈除浮沫與雜質。

10

煮到攪拌會明顯留下攪動痕跡，就可以關火起鍋了。

11

趁熱將抹醬倒入消毒後的玻璃瓶。

12

旋緊蓋子後，倒放降溫。放涼後就能進冰箱冷藏了。

● 澱粉類抹醬很容易發酵，一周內吃完最美味。

〔日常生活中的美味果醬！〕 **瑪薩喇桑果**

〔**食材**〕

桑椹 600g
細砂糖 300g
檸檬汁 50g
肉桂 2條
丁香 10個
小荳蔻 5顆
黑胡椒 10顆
白胡椒 10顆
紅酒 3大匙

家門前長了一大棵桑椹，季節一到果實布滿樹梢，總會剪它滿滿一籃做果醬，後來從桑椹風味中找到些線索，慷慨作嫁大量香料，果然對味，是熟客宜青的心頭好。瑪薩喇（Masala）是印度綜合香料的意思。

【 糖漬水果 】
1 先將桑椹沖洗乾淨，必須放在水龍頭下沖洗掉細塵雜質，手勢輕一些，不要壓傷桑椹，免得將手染得成紫黑紫黑了。
2 剪去桑椹上的梗，徹底瀝乾。
3 加入細砂糖、檸檬汁，徹底攪拌均勻。
4 拉開保鮮膜封好，放進冰箱糖漬一夜。

【 煮沸裝瓶 】
1 將丁香、小荳蔻、黑胡椒、白胡椒一一放入茶袋。
2 將糖漬桑椹拿出冰箱，在室溫下退冰之後，將茶袋及肉桂條放入鍋中。
　 也可以將一半的桑椹用果汁機打成果泥，這能增加果醬的稠度。
3 移到爐上，開中大火加熱，煮到沸騰，沸騰後，轉中火繼續加熱。
4 用撈網撈除浮沫與雜質。
　 桑椹籽不撈也沒關係，只是撈除後吃起來不會有籽干擾口感。
5 要不時攪拌，防止果醬在鍋底燒焦，煮至稍微濃縮時，就可以加入紅酒了。
6 起鍋前，再將茶袋與肉桂條拿起來。趁熱將果醬倒入消毒後的玻璃瓶。
7 旋緊蓋子後，將果醬倒放降溫就完成了。

幸福好食光 ｜ 美味提案 26 ｜

〔與好朋友的果醬包裝提案！〕莎拉花園：繡球果醬花禮

花與果醬佈置在烤盤裡，
獻給熱愛烘焙的朋友。

● ●

一瓶野莓果醬，紫色繡球相呼
應，再妝點櫻桃、桑椹、藍莓等
新鮮果實，是桌上美麗的風景。
將花與果醬放在一起送給朋友，
多麼賞心悅目！你也可以這樣
做，上市場挑選花朵，自己做他
（她）愛吃的果醬口味，然後慢
慢妝點，慢慢注入心意。

莎拉花園的花藝呈現出濃濃的法式風情，偏愛使用美麗高貴的繡球花，散發藍與紫的瑰麗色彩，不必
拘泥任何花器，運用許多廚房裡的烘焙道具容納花器更有味！好開心透過誼綸，讓自己的生活多了好
有氣質的花香綠意！

▎Blog:http:http://www.sarah.com.tw

〔與好朋友的果醬包裝提案！〕林怡芬：果醬的午茶時光

將心意包起來，
送給你甜甜的滋味。

● ● ●

這是怡芬和大阪注染工坊合作的
手拭巾，主題為「茶時間」。注
染是大阪傳統印製手拭巾的一種
印染方式。茶的主題與果醬如此
相投，你正可以熬煮一瓶適合佐
茶的柑橘類或莓果類果醬，用手
拭巾將果醬仔細包裹起來送給對
方，祝他（她）擁有愉快的果醬
午茶時光。

怡芬的插畫相當知名，她的著作《橄欖色屋頂公寓305室》、《十二味生活設計》是我認識她的開
端，從橄欖色屋頂公寓中的女孩讓正在努力的自己得到了不少鼓舞。現在，怡芬往陶藝創作的藝術家
之路邁進，太好了！我們又能欣賞到經由她詮釋截然不同的陶創作。
※註：手拭巾是日本傳統的商品，在古代日本商家會印製有商標圖案的手拭巾做為包裝使用，是貴族
之間才有的珍貴布織品。手拭巾是不車邊的布，變化多元，你也可以買一條全白的手拭巾蓋上自己刻
的圖案，徹頭徹尾展現自己的想法。

│ Website:http://www.efenlin.com/

幸福好食光 ［ 美味提案 28 ］

〔與好朋友的果醬包裝提案！〕 實心裡生活什物店：一袋果醬

一袋果醬，
比兩串蕉更棒的禮物。

觸感溫和，色澤也會隨著時間顯現沉著的個性，這樣的布袋子比起紙袋是不是更有情有味，更能進入生活，成良伴之一。你若手巧更可以從挑選布料開始，一針一縫，貫注你的祝福，再裝入幾瓶趁著盛產熬的好吃果醬，可以當朋友的新居落成禮，其實任何理由都能成為送禮的藉口。

實心裡生活什物店安安靜靜座落在台中五期的小巷弄中，是我的生活圈之一，總愛戲謔親切的王老闆與小華姐有如台中文創人的一盞明燈，樂意與人交流經驗。這裡分享很多質樸低調的生活小物與紙品，乾乾淨淨，走一趟喝杯茶，感受台中人的待客之道。

TEL:(04)2325-8108
ADD:台中市大容東街10巷12號

〔與好朋友的果醬包裝提案！〕**溫事：拿鐵碗與果醬的禮物**

一起喝杯草莓歐蕾，
是件溫暖的小事。

是插畫家也是小雜貨商的米力分享了她對拿鐵碗的喜好，我一見傾心，拿鐵碗線條帶點樸拙之氣，這是法國人用來喝拿鐵咖啡的杯子。清早滿滿一杯提振精神，告訴自己：好！接下來要努力工作了。親手熬的草莓果醬加入鮮奶中，捧著拿鐵碗喝，頗有歐風氣息。

溫事，意思是溫暖的小事。這間由米力與先生Rick一手打造的雜貨舖，座落在富有歷史軌跡的老巷弄，房子是六十年前的木造結構建築，在這樣的懷舊氛圍中分享淡淡的幸福感，裡頭有溫暖的生活器物，更重要的是，Rick抱持著一期一會的待客方式讓人感動不已。

| TEL：(02)2521-6917
| ADD：台北市中山北路一段33巷6號

幸福好食光 [美味提案 30]

[（與好朋友的果醬包裝提案！）印花樂：杯墊與果醬

泡一杯果醬茶飲，
跟你一起喝。

熬了一瓶果醬，襯上兩片杯墊，
專注用手染的棉繩固定，再繫個
蝴蝶結，希望蝴蝶帶著祝福飛
到你那兒。很簡單的構想，他
（她）可以泡一杯果醬茶飲，然
後用你準備的杯墊，墊著不怕燙
不怕潮，這是一份帶有想像的提
案，更可以附上一張親手寫的果
醬建議飲用說明，讓他（她）更
感受你的細膩！

印花樂座落在迪化街大稻埕裡，主要設計台灣傳統年代的印花布料，再將之加工為各類布品。例如
老磁磚上的花樣，台灣特有的八哥，將道地的台灣元素放入布料中，一一喚起大家對老時代風情的
記憶。這是三個年輕女生的創業之路，敬佩她們的團結一致，也期待好有潛力的印花樂走出台灣的一
天。

| TEL:(02)25551026
| ADD:台北市民樂街28號

滿足館 0HAP6016

{ **這才叫果醬** 金獎增訂版 }

用無毒有機水果製作的56款純天然手作果醬+30款好食光美味提案

作　　　　者	柯亞
封　面　設　計	萬亞雰
內　頁　設　計	行者創意　Eason
內　頁　排　版	王氏研創藝術有限公司
內　頁　攝　影	周禛和、Arko studio 光和影像

總　　編　　輯	林麗文
副　　總　　編	梁淑玲、黃佳燕
主　　　　編	賴秉薇、高佩琳
行　銷　總　監	祝子慧
行　銷　企　劃	林彥伶、朱妍靜

出　　　　版	幸福文化出版／遠足文化事業股份有限公司
發　　　　行	遠足文化事業股份有限公司（讀書共和國出版集團）
地　　　　址	231新北市新店區民權路108之2號9樓
郵　撥　帳　號	19504465 遠足文化事業股份有限公司
電　　　　話	(02) 2218-1417
信　　　　箱	service@bookrep.com.tw

印　　　　刷	凱林彩印股份有限公司　電話：（02）2796-3576
法　律　顧　問	華洋國際專利商標事務所　蘇文生律師
初　版　一　刷	2019年8月
初　版　六　刷	2023年8月
定　　　　價	550元

國家圖書館出版品預行編目資料

這才叫果醬 / 柯亞著. -- 三版. -- 新北市：
幸福文化出版：遠足文化發行, 2019.08
(滿足館)
ISBN 978-957-8683-55-6(平裝)
1.果醬 2.食譜
427.61　　　　　　　　　　108008669

讀者回函卡

感謝您購買本公司出版的書籍，您的建議就是幸福文化前進的原動力。請撥冗填寫此卡，我們將不定期提供您最新的出版訊息與優惠活動。您的支持與鼓勵，將使我們更加努力製作出更好的作品。

讀者資料

●姓名：_____ ●性別：□男　□女 ●出生年月日：民國____年____月____日

●E-mail：_____

●地址：□□□□□

●電話：_____　手機：_____　傳真：_____

●職業：　□學生　　　　　□生產、製造　　　□金融、商業　　　□傳播、廣告
　　　　　□軍人、公務　　□教育、文化　　　□旅遊、運輸　　　□醫療、保健
　　　　　□仲介、服務　　□自由、家管　　　□其他

購書資料

1. 您如何購買本書？□一般書店（　　　縣市　　　　書店）
　　　　　　　　　　□網路書店（　　　　　書店）□量販店　□郵購　□其他

2. 您從何處知道本書？□一般書店　□網路書店（　　　　書店）　□量販店　□報紙□廣播　□電視　□朋友推薦　□其他

3. 您購買本書的原因？□喜歡作者　□對內容感興趣　□工作需要　□其他

4. 您對本書的評價：（請填代號 1.非常滿意 2.滿意 3.尚可 4.待改進）
　　　　　　　　□定價　□內容　□版面編排　□印刷　□整體評價

5. 您的閱讀習慣：□生活風格　□休閒旅遊　□健康醫療　□美容造型　□兩性　　　□文史哲
　　　　　　　□藝術　□百科　□圖鑑　□其他

6. 您是否願意加入幸福文化 Facebook：□是　□否

7. 您最喜歡作者在本書中的哪一個單元：_____

8. 您對本書或本公司的建議：_____

_____

_____

_____

_____

_____

_____

_____

廣 告 回 信

臺灣北區郵政管理局登記證

第 001139 號

請直接投郵，郵資由本公司負擔

23141

新北市新店區民權路 108-4 號 8 樓

遠足文化事業股份有限公司　收

寄回函

抽好禮

{ 威士忌柑橘 }

· · ·

榮獲　世界柑橘類果醬大賽

「使用有趣食材」銀獎、「適合佐餐(肉料理)」銀獎

「使用酒類食材」銅獎

活動辦法｜填寫回函寄回幸福文化出版社，就有機會抽中

世界柑橘類果醬大賽 得獎果醬「威士忌柑橘」2瓶*10名

活動期間｜即日起至2019.10.31止，以郵戳為憑

活動期間｜2019.11.18公布於「幸福文化FB粉絲團」

備註
- 本活動由幸福文化主辦，主辦方保有變更活動權利
- 獎項寄送僅限台、澎、金、馬地區